无涯

热缩簪花创意设计与制作技法

苏大仙 著

人民邮电出版社
北京

图书在版编目（CIP）数据

无涯 : 热缩簪花创意设计与制作技法 / 苏大仙著
. -- 北京 : 人民邮电出版社, 2024.10
ISBN 978-7-115-63599-0

Ⅰ. ①无… Ⅱ. ①苏… Ⅲ. ①手工艺品－制作 Ⅳ.
①TS973.5

中国国家版本馆CIP数据核字(2024)第033845号

内 容 提 要

本书共分为四大部分。第一部分为基础技艺，讲解制作热缩簪花的流程、基础工具及材料。第二部分讲解基础花型的制作，详细拆解五个实际案例的制作步骤，带领读者学习基础花型的制作方法和常用技法。第三部分重点讲解热缩与其他工艺结合的创作方法，同时也向读者科普了缠花、绒花、掐丝珐琅等传统手工艺的制作方法。第四部分为作者的热缩作品欣赏图鉴，分享了五个系列作品的创作心得及设计灵感来源，表达了作者“万物皆可热缩”的设计理念。

本书讲解系统、案例丰富，作者苏大仙在书中倾情分享自己独到的热缩簪花设计及制作心得，探索热缩与缠花、绒花、黏土、绢花、掐丝珐琅多种手工艺的创意结合方式，适合手工爱好者、汉服配饰制作者阅读、使用，也适合相关行业作为培训教材使用。

◆ 著　　　　苏大仙
责任编辑　宋　倩
责任印制　周昇亮

◆ 人民邮电出版社出版发行　　北京市丰台区成寿寺路 11 号
邮编　100164　　电子邮件　315@ptpress.com.cn
网址　https://www.ptpress.com.cn
天津裕同印刷有限公司印刷

◆ 开本：700×1000　1/16
印张：9.5　　　　2024 年 10 月第 1 版
字数：243 千字　　　　2025 年 3 月天津第 2 次印刷

定价：79.80 元

读者服务热线：(010)81055296　印装质量热线：(010)81055316
反盗版热线：(010)81055315

写在前面

早在战国末期，诸子百家争鸣之时，便出现了『杂家』一说。后世只知其『兼儒墨，合名法』『于百家之道无不贯综』，其却因全无自身特色而在历史中沉寂。十几岁的我第一次从老师口中听到『杂家』这个词时，却仿佛灵魂都被点燃了。

我对一切未知的领域充满好奇，并沉醉于探索过程中产生的喜悦与幸福。感谢互联网带来的便利，让我可以接触一切通俗的、艺术的、传统的、现代的、小众的、流行的文化。我像一只掉入米缸的老鼠，又像一个懵懂的稚儿，随着时间的推移逐渐长成现在的我。

二十多岁正是一个需要表达自我的年纪，也许是不想按部就班地生活，也许是为了弥补没能学成美术的遗憾，我选择以手工为载体，尝试寻找另一种可能。

手工是个很笼统的概念，刚开始我其实没想过专门做什么，毕竟我是个新时代杂学理念者！通常来说，精通和杂学是矛盾的，任何技艺都需要时间的沉淀。和许多披着床单当斗篷的小女孩一样，对于汉服的喜爱将我的目光引向发簪的世界。自2018年在网络上看到第一个热缩花制作视频起，手工与我的缘分就具象化为一支支精巧的发簪了。

在陆续学习了热缩、缠花、绒花、黏土、花丝、珐琅、点翠等不同工艺之后，我逐渐产生了一个大胆的想法：为什么不能将所学的工艺融合呢？以某一种工艺为突破口，探索工艺之间的适配性也是一个十分有趣的方向。从多元走向统一再走向多元，但又将所学融会贯通，我有着这样的雄心壮志。

起初我只是进行了一次简单的尝试——将奶油蛋糕的质感运用到热缩片上，成品却意外收获了许多人的喜爱。正是这份认可，让我在创作这条路上越发坚定了自己的理念：创新是另一种精通，在不同领域创新正是『杂家』的追求。

苏大仙

··· Contents

目录

壹

基础技艺

热缩片的另一种可能

制作热缩簪花的基本流程

基础工具和材料

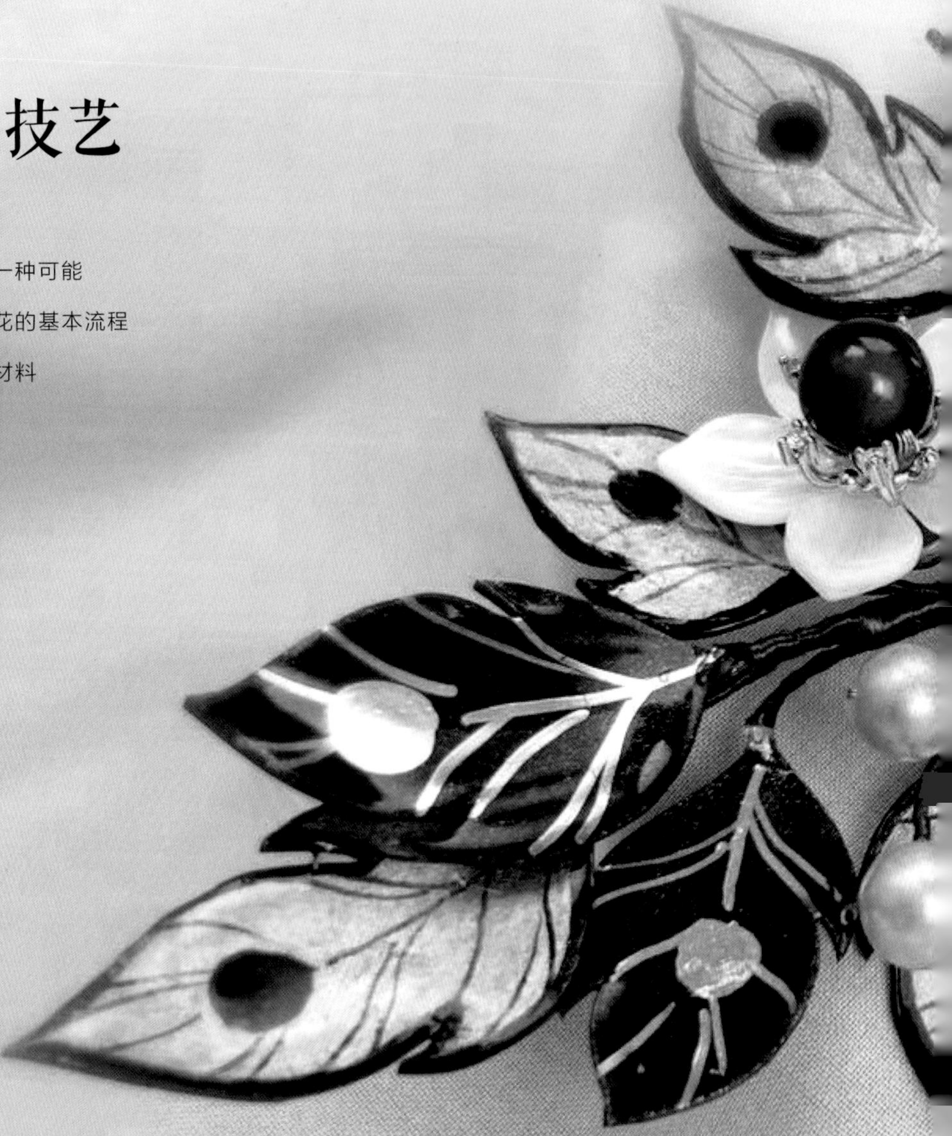

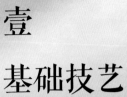

热缩片的另一种可能

作为一种质感和塑料相似的胶片，热缩片本身是透明的，除了工厂加工附色外，只能通过打磨—上色的方式为其添加色彩。打磨后的热缩片呈半透明状，正是这种特性给热缩片的上色提供了多种可能。

一般而言，推荐初学者使用色粉给热缩片上色：一来手指操作更加精细，对于零基础者来说也无甚压力；二来所需工具相对更少，可以降低试错成本。但无论是使用色粉还是水彩上色，都不能完全遮盖热缩片，因此我把目光投向了遮盖力更强的颜料——丙烯。

丙烯作为用途非常广泛的颜料之一，不仅拥有成膜快、防水性能佳等优点，还因色彩饱和度高、精确度高，而非常适合给热缩片上色，这可以节省一些试色和调色的时间。

在探索的初始阶段，我分别尝试了热缩前上色和热缩后上色两种方式。其中热缩前上色对于色感要求更高一些，因此本书不做相关介绍，如有兴趣，读者可以自行探索。

针对热缩后上色的方式，我在用普通丙烯上色的基础上加入了不同质感的颜料，包括但不限于珠光丙烯、水彩、珠光粉等，才逐渐形成了现在的风格。用这种方法制作的热缩片，不仅完全褪去了塑料质感，更加接近绸缎或是金属的质感，也为不同工艺的融合搭配奠定了基础。

制作热缩簪花的基本流程

1 准备好需要的图纸（见本书附赠的万能叶片图纸）。

2 将热缩片放在图纸上，描下对应的图案。

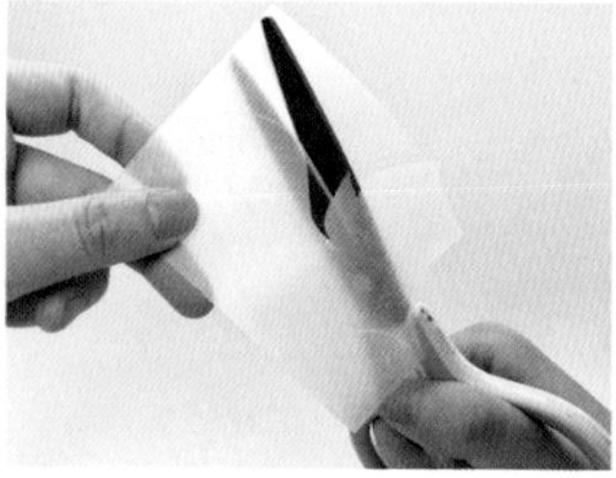

3 用剪刀剪下图案。注意及时翻转并朝顺手的方向剪，这样可以避免热缩片撕裂。

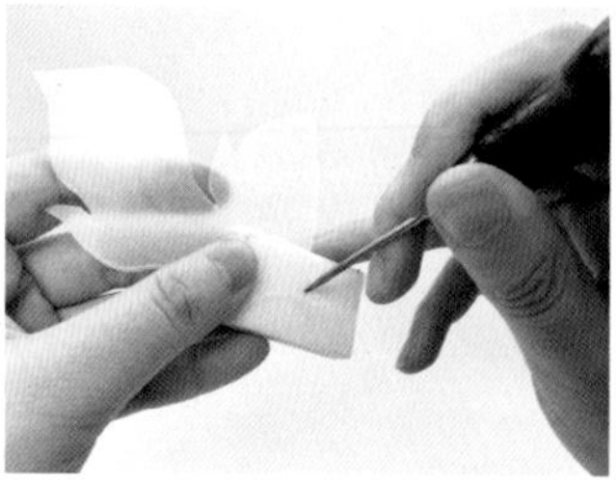

4 用打孔器/锥子在需要的位置打孔，可垫一块橡皮做缓冲。

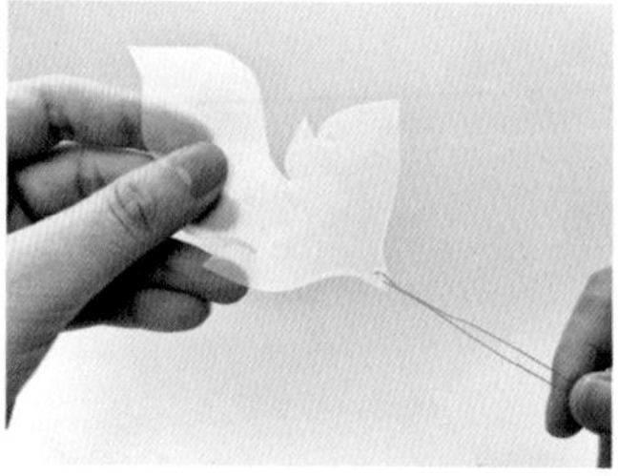

5 用钢丝/铜丝穿过孔洞，预留足够长的钢丝/铜丝。

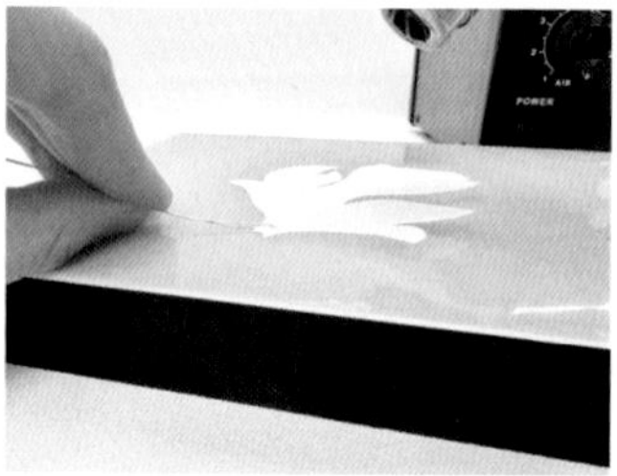

6 用热风枪/烤箱加热至热缩片完全缩小。

7 用手或者丸棒等工具趁热塑形，冷却后放置一边备用。

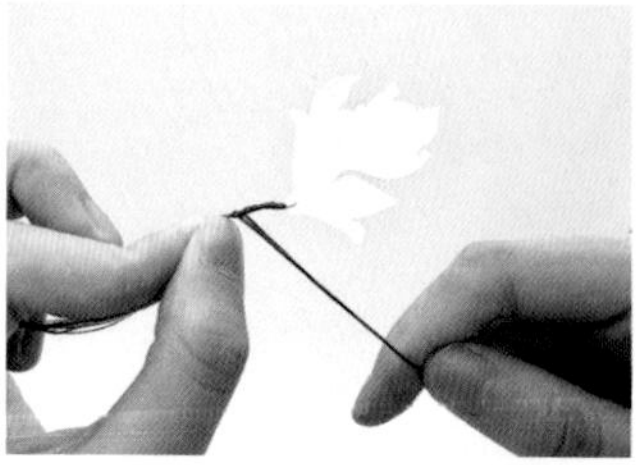

8 用绒线缠绕预留的钢丝/铜丝，做包线处理。

9 用颜料上色。

颜料：本书常用颜料为丙烯，包括普通丙烯和珠光丙烯；其他常用辅助颜料为珠光水彩、丙烯珠光媒介、珠光粉/偏光粉/变色龙粉等。

基础工具和材料

绘画工具和基本材料

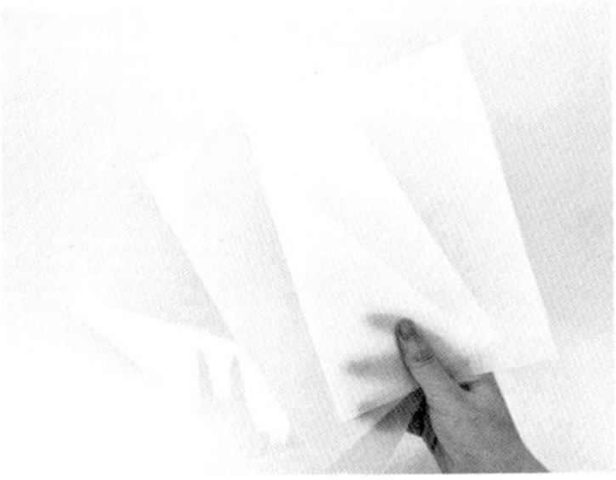

热缩片

常用（直径）为0.15mm和0.2mm。前一种规格的热缩片用来制作更为轻薄的花瓣，后一种规格的热缩片用来制作叶子或特殊部件。除了为呈现一些特殊视觉效果需要使用双面打磨的热缩片外，本书大部分使用单面打磨的热缩片。

保色铜丝

常用规格为0.3mm。铜丝用于穿过打好孔的热缩片；另需准备规格为0.4mm和0.6mm的保色铜丝，用来做一些特殊的枝干造型。

颜料

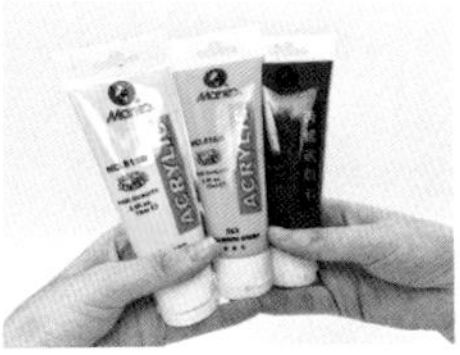

普通丙烯：覆盖力强，延展性好，干后无须封层且不易脱落，可以重复涂抹多次，因此容错率高。

珠光丙烯：缺点是覆盖力不强，因此需要搭配普通丙烯做底色使用；优点是珠光效果可增强华丽感，还可以用于模仿一些别的材质的效果。

珠光水彩：缺点是不防水，不封层的话佩戴相关产品时需注意；优点是珠光色更鲜艳，色彩选择更多，可以节省调色的时间。

珠光粉/偏光粉/变色龙色粉：需要搭配特殊调和剂使用，光彩效果绝佳，目数越高的色彩变化越自然。注意：本书中使用的色粉目数为600~800目。

造型工具

热风枪

尽量选用可调节温度、有数显的热风枪，这样可以吹制一些特殊造型，提高热塑造型的精准度。

丸棒、海绵垫、硅胶垫

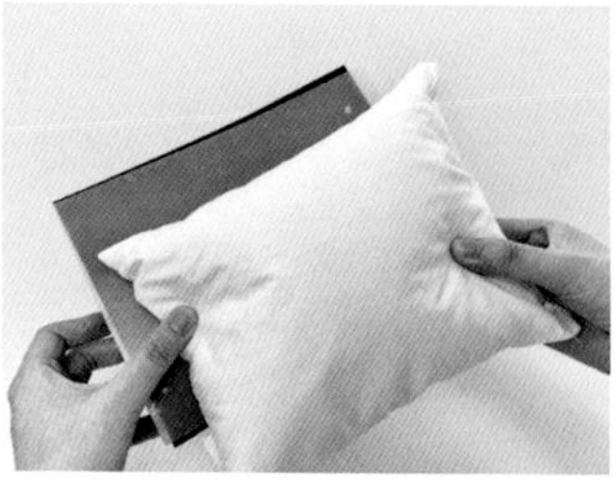

用来辅助热缩片塑形。

铝丝

用来做枝干的延长部分，也可以用来加固枝干主体。

打孔器、锥子

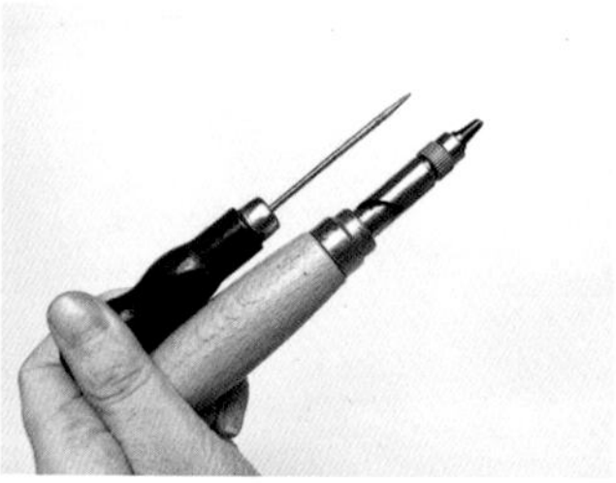

用来给热缩片打孔。

上色工具和材料

尼龙画笔

涂抹丙烯的主要工具。

各色高光笔/丙烯笔

用于绘制线条和图案。

手指海绵/眼影棒

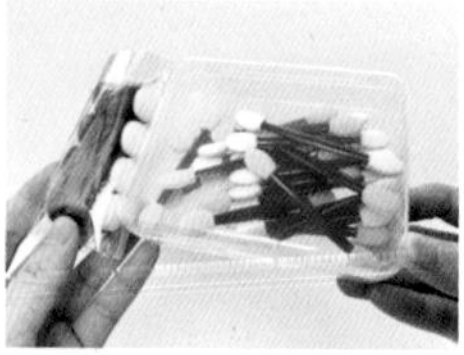

用于制作特殊晕染效果。

硅胶笔

用于蘸取特殊材料。

固色工具和材料

美甲钢化封层、UV胶

用于封层或者装饰、加固。

手持紫外线手电筒

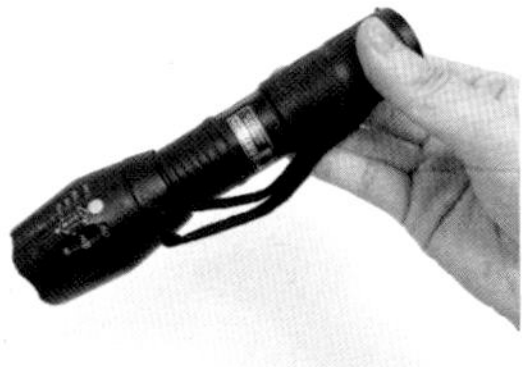

用于照干UV胶。

其他工具和材料

指套

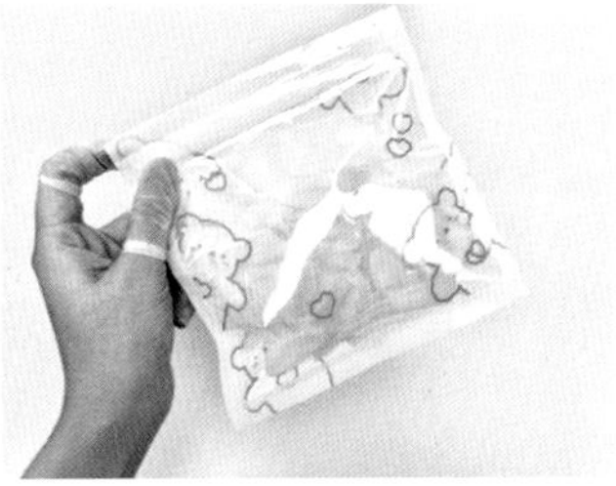

用于保护手指。

锁边液

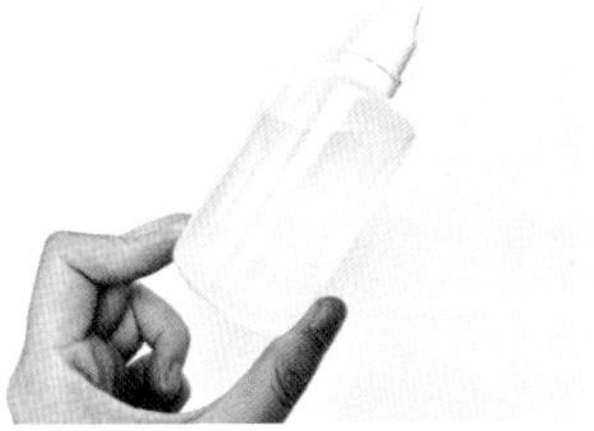

用于加固绒线枝干。

各色的单股绒线、双股绒线、四股绒线

用于包线。

热熔胶

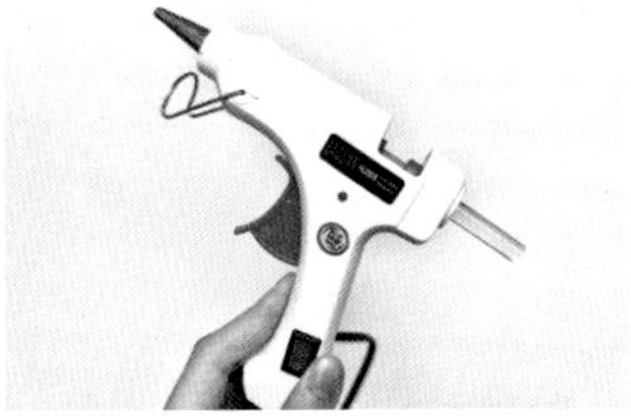

用于发簪的内部连接。

各种配件珠子

平时可以留意收集，不限材质和形状，多元化有利于做各种搭配。注：作者常用琉璃和天然石材质的配件珠子。

速干胶和美甲装饰品

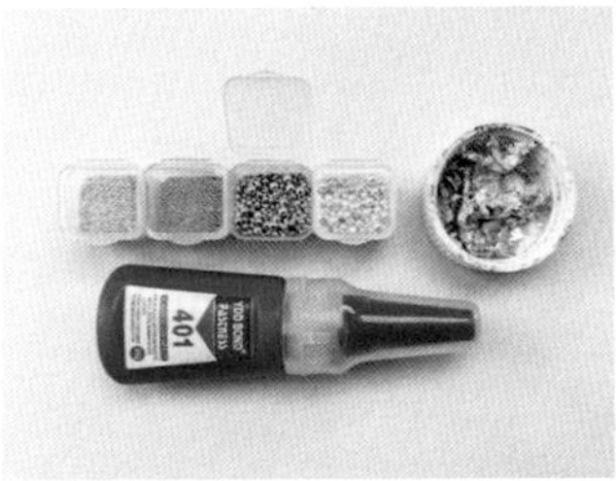

用于模拟露珠等，可以装饰发簪。参考配件珠子，如有条件可以多收集一些不同种类的装饰品。

石膏花蕊

可多搜罗一些样式和颜色利于搭配的石膏花蕊，纯白色的石膏花蕊便于后期自行上色。

贰

基础花型制作实例

朱颜辞（牡丹）· 珠光丙烯混色

新雨荷（荷花）· 双面上色技巧

绿蜡香（玫瑰）· 珠光媒介应用

折露葵（葵花）· 珠光水彩使用

不落枝（菊花）· 珠光色粉使用

朱颜辞（牡丹）· 珠光丙烯混色

最是人间留不住，朱颜辞镜花辞树。

光阴易逝总叫人感慨万分，自古以来，人们尝试用诗歌、画作等一切形式留住瞬间的美好，手工亦如此。本书第一个案例以花中之王牡丹为主题，设计一款发簪。

设计图稿

有别于现实中的花朵，本案例中的牡丹花型设计更趋于规整圆润，加大花叶比例以凸显花朵色调，同时强调枝干走势，整体构成“盛放的花朵压弯枝头”的效果。最后用金箔装饰叶片增强视觉效果，以金珠模拟露珠点缀花朵，同时搭配同色系琉璃珠装饰。

制作步骤

吹制

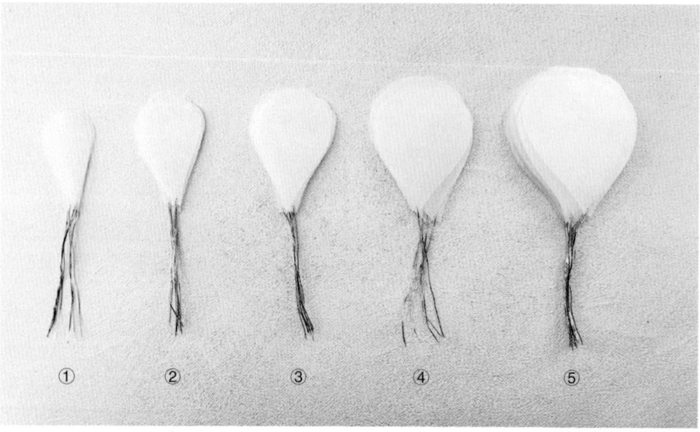

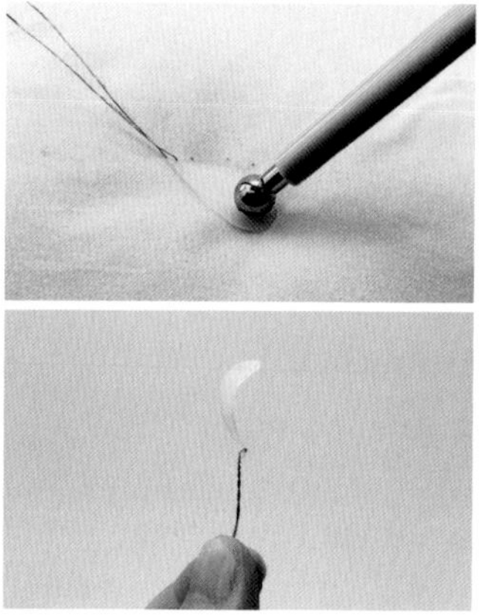

❶ 将①、②、③、④、⑤号花瓣（花瓣的等比例图纸见附录）分别描绘5片、5片、14片、5片、10片，剪下后用0.2mm铜丝穿好备用。

❷ 取5片①号花瓣、9片③号花瓣，磨砂面向下，用热风枪吹至完全热缩后用丸棒向下按压，最终形成图片所示的弧度。

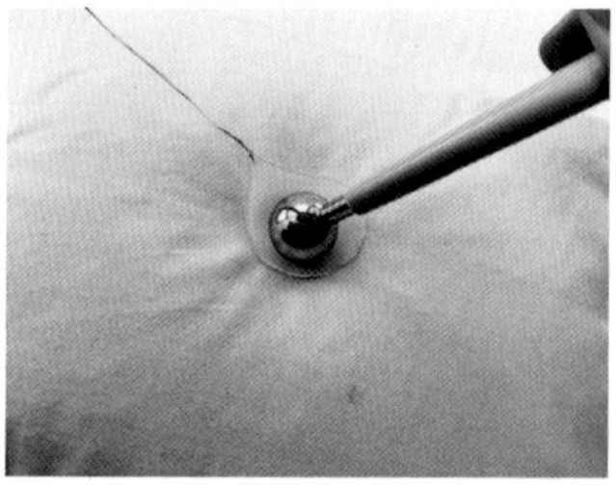

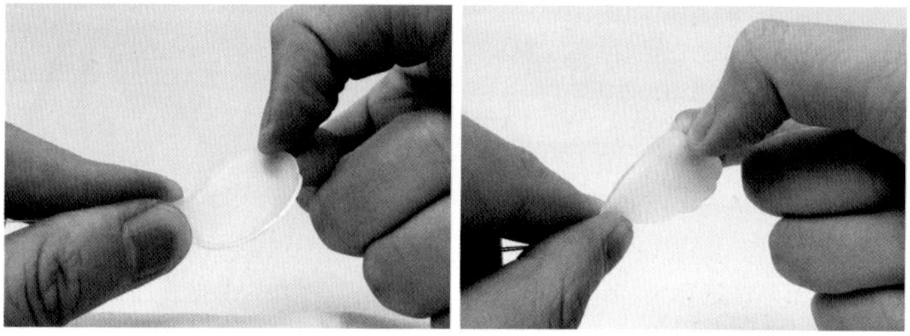

❸ 剩余花瓣磨砂面向上，用热风枪吹至完全热缩后用丸棒旋转着轻轻按压，使花瓣微微凹下即可。

❹ 用热风枪局部加热花瓣，单手拧住花瓣向外翻。

❺ 重复以上步骤，使花瓣呈现如图造型即可。

上色（颜料直涂）

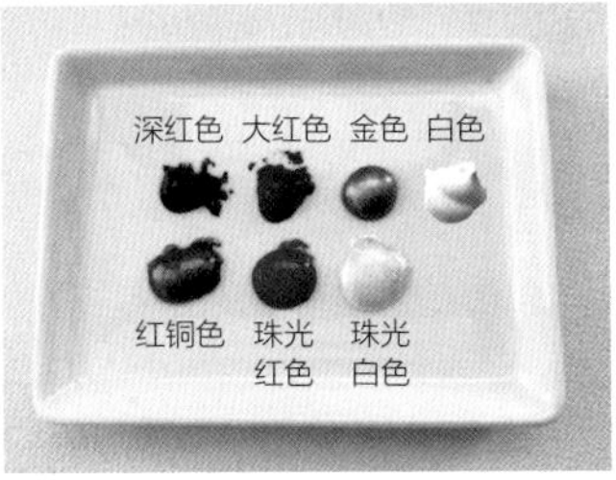

❶ 准备好深红色、大红色、白色、金色、红铜色、珠光红色和珠光白色丙烯颜料。

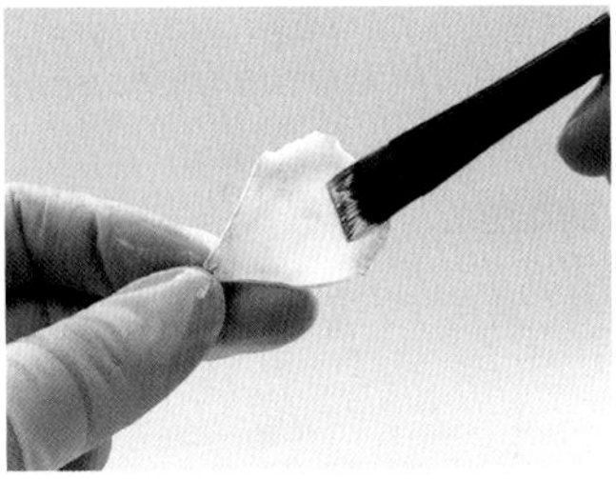

❷ 用白色打底，笔刷蘸取少量颜料向同一方向多次涂抹，涂抹完后晾干。

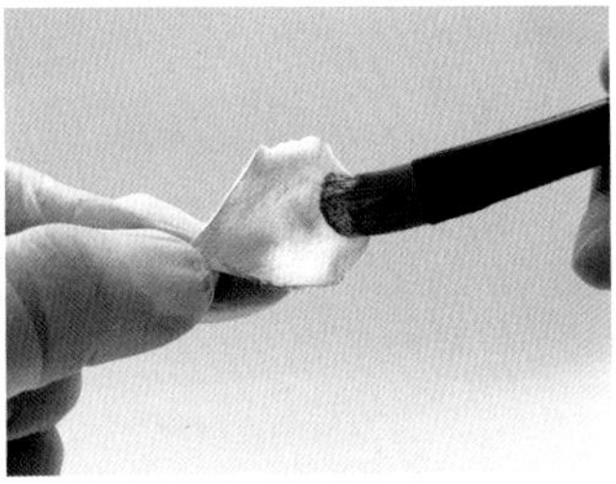

❸ 用珠光白色混合金色做第二层打底，涂抹完后晾干。

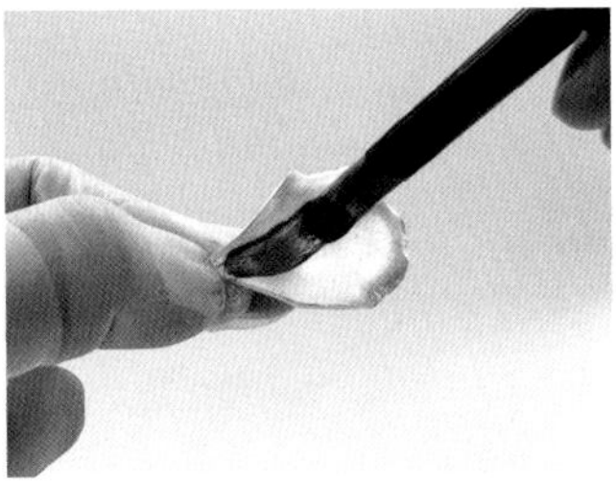

❹ 用珠光红色混合少量大红色，均匀涂抹花瓣，涂抹完后晾干。

❺ 用红铜色混合少量深红色，涂抹花瓣2/3的部分，晾干。

❻ 花瓣背面涂抹少量珠光红色。

❼ 根据图纸（等比例大小的图纸见附录）制作若干万能叶，颜色以橄榄绿色和棕色渐变为主。

❽ 用高光笔画出叶子的脉络。

组装

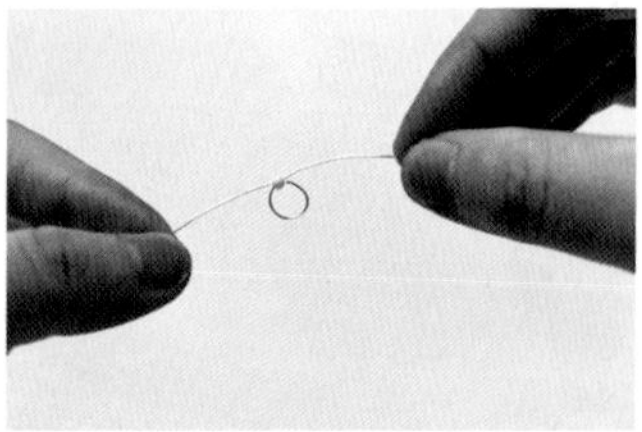

❶ 取一颗定位米珠，将铜丝回穿后收紧。

❷ 将铜丝穿过选好的装饰琉璃珠。

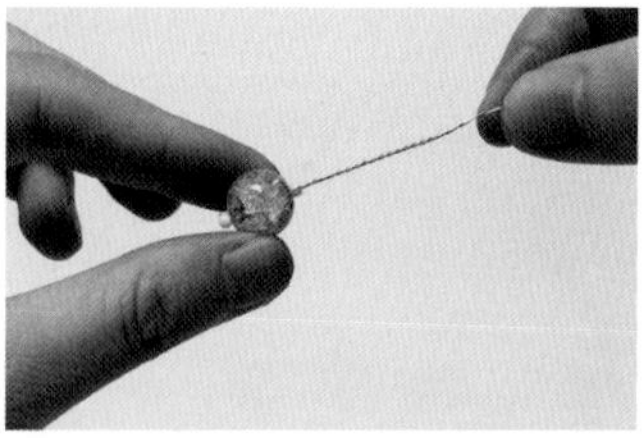

❸ 定位米珠贴紧装饰琉璃珠打孔处。再取一颗定位米珠，贴紧下方打孔处。

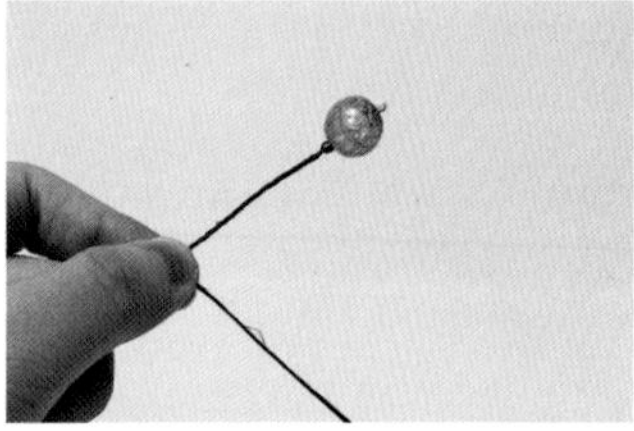

❹ 拧紧铜丝后，用绒线做包线处理。

❺ 选择合适的石膏花蕊，绑紧后取一片①号花瓣，如图摆放，缠线两圈后收紧。

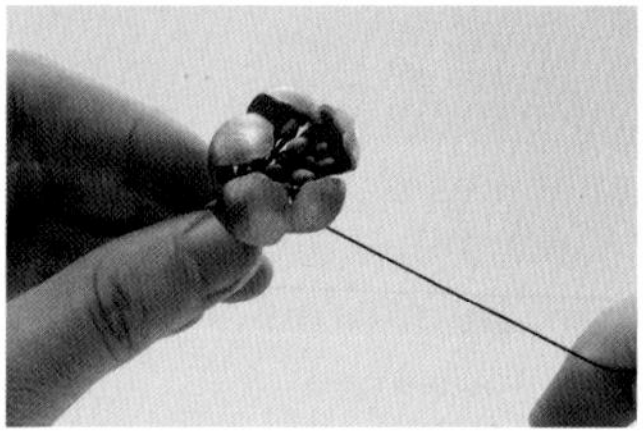

❻ 重复组装步骤得到第一层花瓣（若花瓣松动可以用热熔胶、速干胶等固定）。

❼ 取②号花瓣，与第一层花瓣交错排列，得到第二层花瓣。

❽ 用③号和④号花瓣分别做第三、四层花瓣，位置分别与第一、第二层花瓣错开。

❾ 用10片⑤号花瓣分别制作第五、六层花瓣，调整花瓣的最终位置使花朵整体圆润饱满。

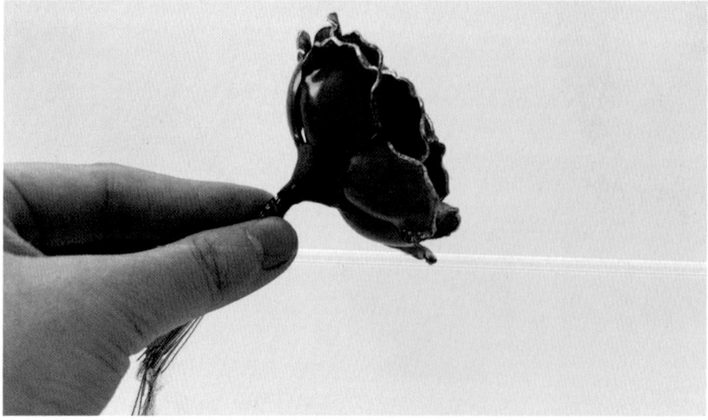

❿ 用红棕色黏土包住花瓣连接处，捏出花萼的造型，之后自然风干。

⑪ 用剩余的花瓣组装成两个花苞，以同样的方式用黏土做出花萼造型，之后自然风干。

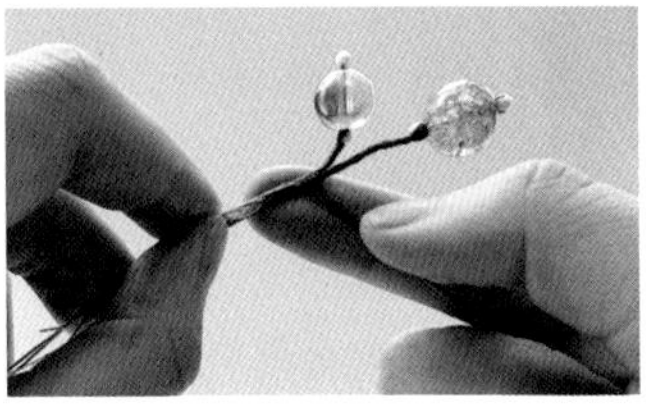

⑫ 根据设计图稿缠好琉璃珠，枝干处加入铜丝起到固定作用。

⑬ 分别在距离最后一颗珠子约2.5cm和3.5cm处接入两片叶子，预留足够长的枝干。部件一完成。

⑭ 将组装好的牡丹花与部件一绑好，加入一根铝丝固定。

⑮ 根据图纸制作花苞部分，预留超过5cm的枝干备用（部件二）。

⑯ 将部件二与之前组装好的主体绑好，再加入一根铝丝加固。

⑰ 根据设计图稿制作部件三。

⑱ 绑部件三之前可用若干叶片、珠子等遮挡枝干接线处痕迹。

⑲ 将剩余部件组装。

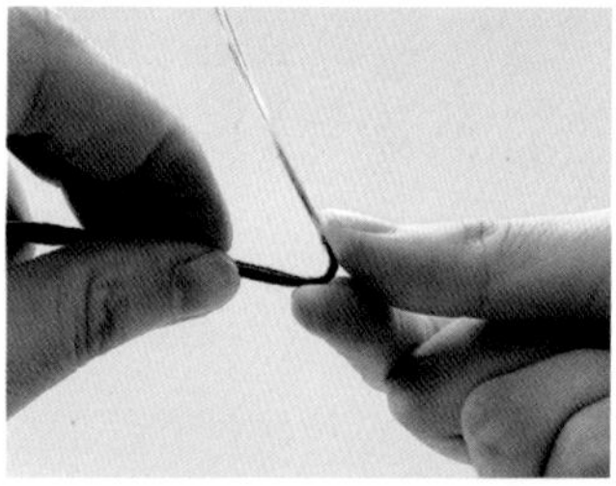

⑳ 枝干收尾处用四股绒线缠绕平整，回折按紧，继续缠线。

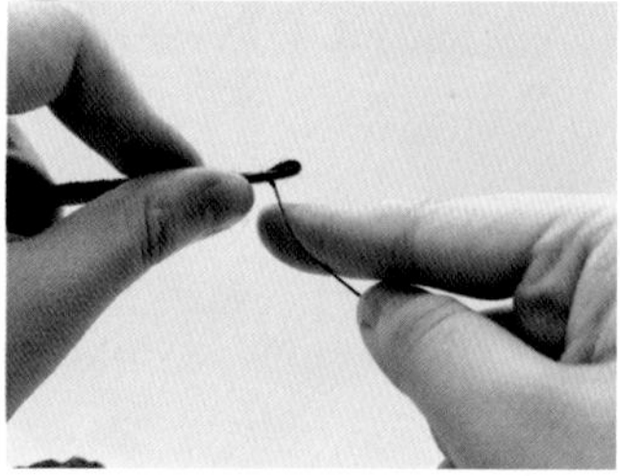

㉑ 剪下多余的铜丝和铝丝，缠线并绑上主体。

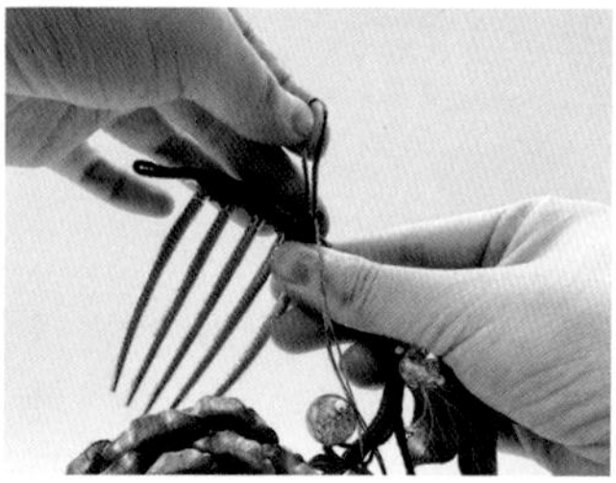

㉒ 绑线收尾处打结方法如图所示。

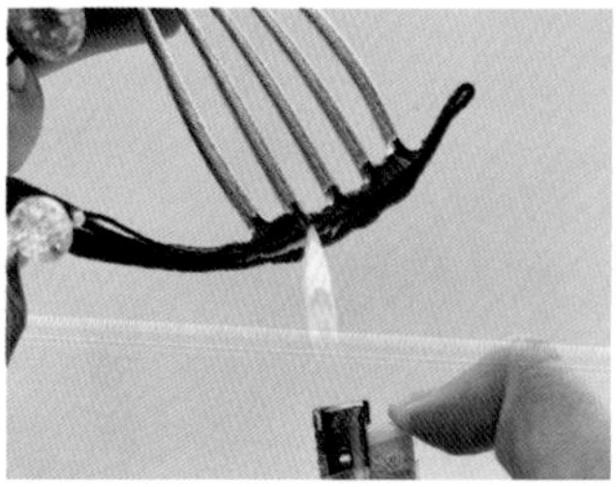

㉓ 用打火机烧去多余的线头。

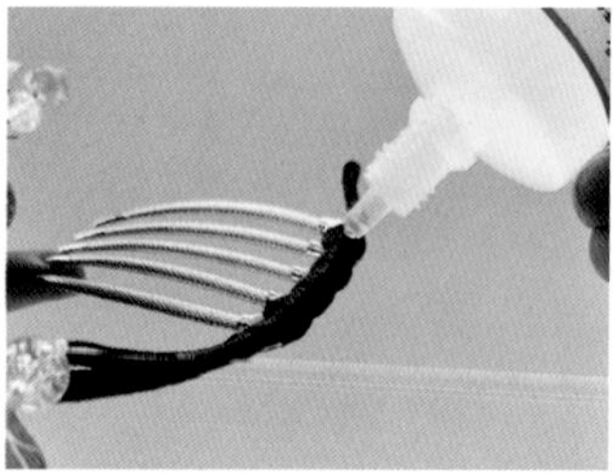

㉔ 用锁边液加固绒线部分。

㉕ 将速干胶少量涂抹在叶片边缘。

26 用镊子取碎金箔等装饰物按压至胶水涂抹处，等待5s左右至胶水干透。

27 多余金箔可用镊子夹走。

28 完成发簪的制作。

新雨荷（荷花）·双面上色技巧

做手工这件事，常让我想起荷花。咏荷的诗人那么多，却总有令人耳目一新的作品出现。我也希望自己深耕手工时，能不断想到一些新点子，探索热缩片的无限可能。故本书第二个案例为以荷花为主题设计一款发簪。

设计图稿

我尤喜与荷花相关的一句诗，“唯有绿荷红菡萏，卷舒开合任天真”，它道尽了荷花的风流恣意与质朴自然。本案例在同样强调枝干走势的基础上，增加了荷叶的多种形态变化，最后用UV胶模拟水珠，让造型更显自然。

制作步骤

吹制

❶ 用双面打磨的热缩片分别制作①、②号花瓣（花瓣等比例图纸见附录）各16片。

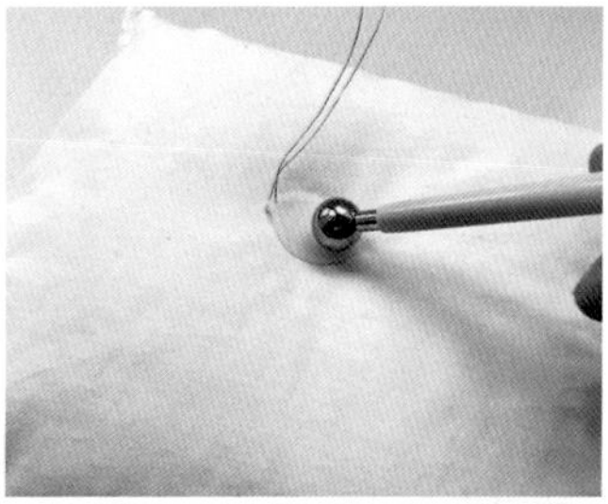

❷ 将花瓣用热风枪吹至完全热缩后选择合适的丸棒，根据花瓣形状反复滚动碾压塑形，直至花瓣侧面如图所示。

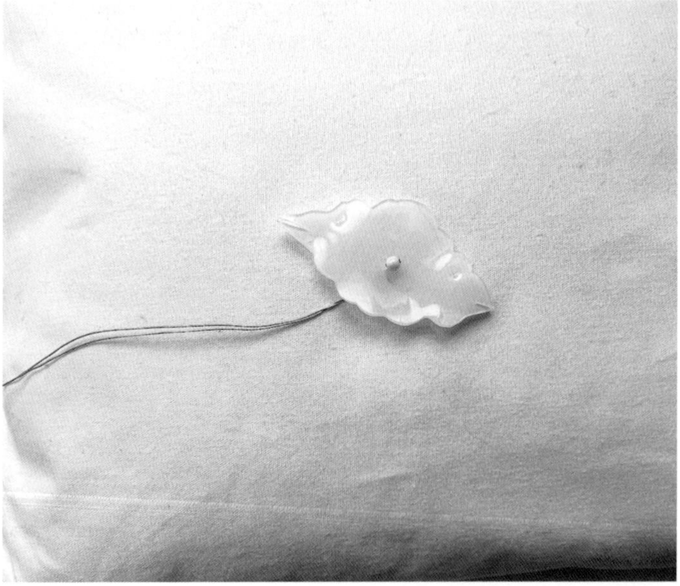

❸ 用热缩片分别制作③、④号大荷叶各1片，⑤、⑥号小荷叶各两片（荷叶等比例图纸见附录）。将打好孔的荷叶上下串珠以定位，光面朝上，用热风枪将其加热至完全热缩。

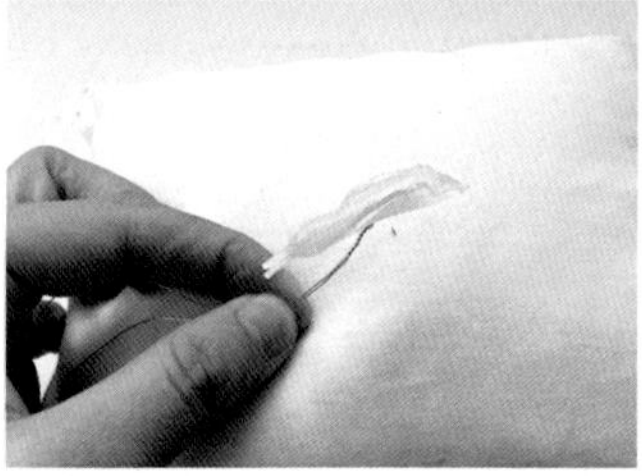

❹ 加热后以对折的方式使磨砂面向外。

❺ 加热时用镊子向内拨弄热缩片，达到荷叶卷边的效果。

上色（双面上色技巧）

1 准备好白色丙烯、大量珠光白色、少量珠光红色和金色丙烯。

2 在花瓣凹凸两面分别涂上一层白色丙烯打底。

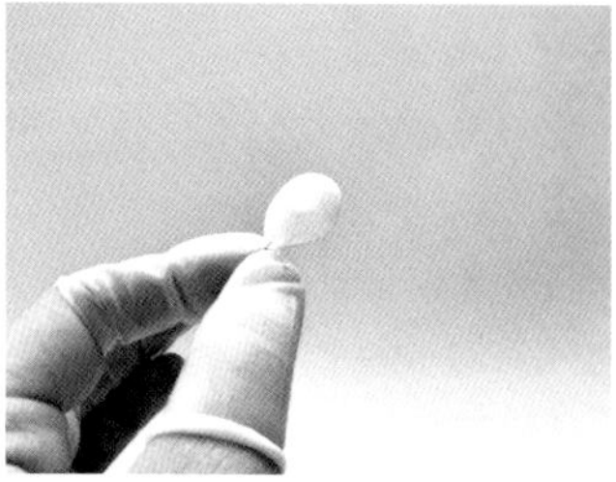

3 颜料干后在花瓣两面再涂抹一层珠光白色丙烯。

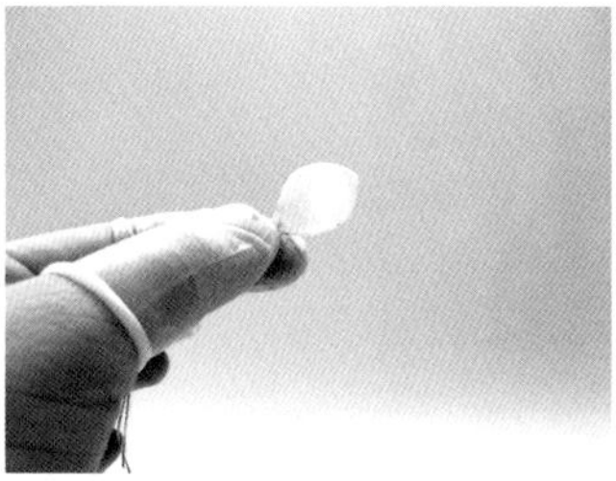

4 用珠光白色混合金色，继续在花瓣两面少量多次涂抹上色。

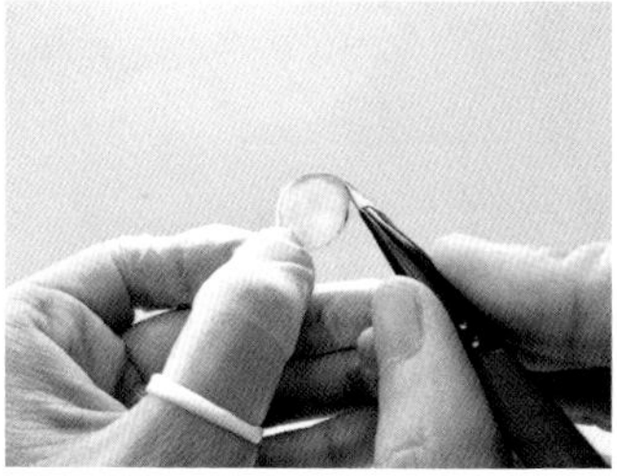

5 用小号笔刷取少量珠光红色，涂抹花瓣凹面边缘。

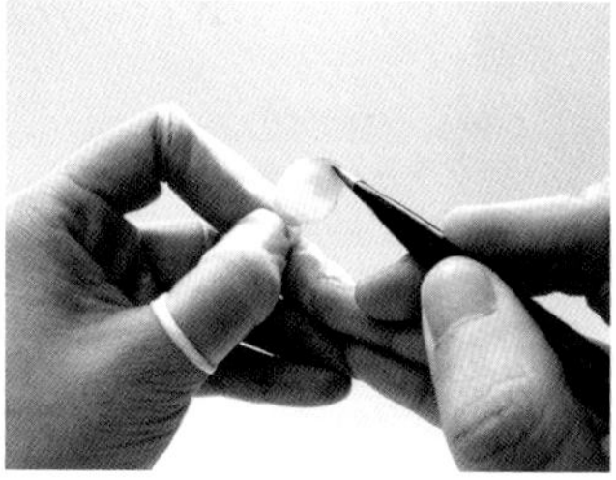

6 用另一支干净的笔刷将凸面沾到的珠光红色晕染开，完成一片花瓣的绘制。其他花瓣的绘制同理。

7 用珠光绿色混合白色和金色，为荷叶大面积涂抹上色。

8 用白色高光笔绘制荷叶的脉络，根据图纸数量制作好足够的荷叶备用。

组装

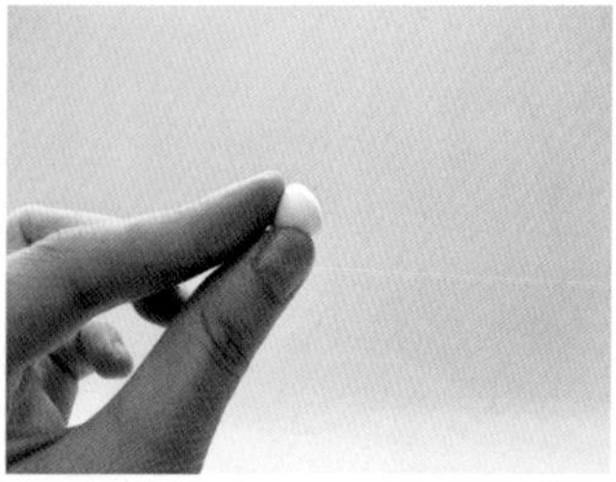

1 用黏土捏出一个类似圆锥的莲蓬素胚。

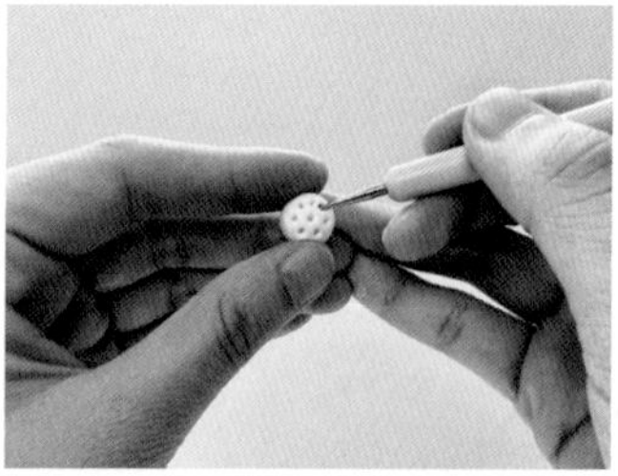

2 用锥子戳出莲蓬上的小孔。

3 给黏土涂上金色并接入铜丝，再缠绕绒线以增强摩擦力。

4 选取合适的花蕊围绕莲蓬，缠线固定，完成荷花花蕊的制作。

5 取3片①号花瓣缠绕固定在花蕊底部。

6 取5片①号花瓣缠绕固定在第二层。

7 取5片②号花瓣缠绕固定在第三层，与第二层的小花瓣错开即可。

8 为了让荷花侧面显得饱满，可以再取5片②号花瓣缠绕固定在第四层，然后用棕色黏土遮挡花蕊底部的缠绕痕迹。

9 制作花苞时注意用②号花瓣做里层，①号花瓣做外层。做好两个花苞备用。

⑩ 根据设计图稿摆好小荷叶和一个花苞的位置，合并后用绒线向下缠绕枝干。

⑪ 加入另一个花苞，继续缠绕多余的枝干并回转一圈，增强部件一的稳定性。

⑫ 用中荷叶遮挡部件一的绕圈处，合并后用绒线向下缠绕，注意要留出足够的枝干。

⑬ 接入大荷叶，完成部件一的制作。

⑭ 将荷花与小荷叶合并，接入较粗的铜丝并调整枝干走势。

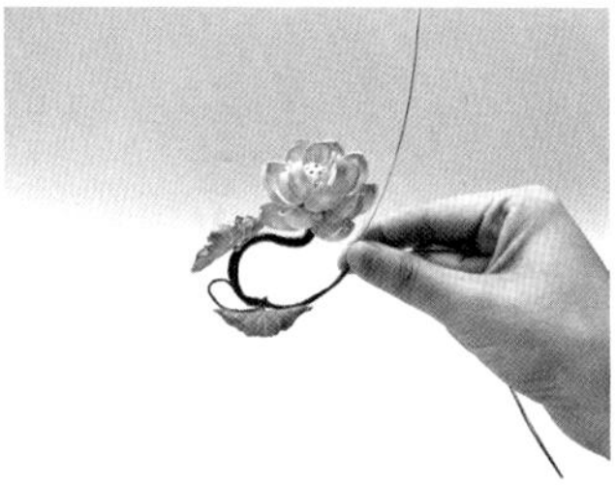

⑮ 预留足够长的枝干并使其弯曲至一定程度，接入小荷叶，完成部件二的制作。

⑯ 将部件一和部件二组合，调整好造型。

⑰ 用硅胶笔蘸UV胶，少量多次点在花瓣尖端。

⑱ 迅速打开手持紫外线手电筒照干UV胶，重复以上操作，制作若干水珠。

⑲ 主体选择牛角发梳，增加整体的古朴质感。

绿蜡香（玫瑰）·珠光媒介应用

菡萏泥连萼，玫瑰刺绕枝。

与大众印象中『浪漫』的代名词不同的是，『玫』与『瑰』在古代指『圆润美好的宝石』。了解玫瑰的过程仿佛是在进行一场古今对话，这也是我会对玫瑰如此着迷的原因。

设计图稿

除了甜蜜与浪漫，玫瑰也可以是清冷的。在花簪中加入花瓶元素，可以增加造型上的雅趣。考虑到塞入花瓶的枝干不宜过粗，可用多余的枝干的造型设计引导视线。配色上选用深绿色和深红色的搭配。

制作步骤

吹制

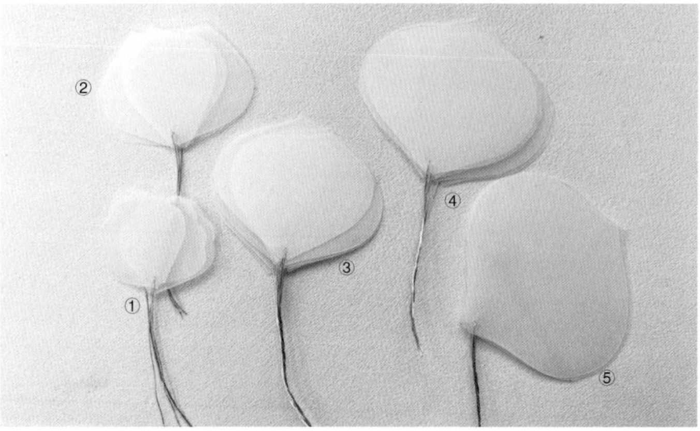

❶ 将①、②、③、④号花瓣（花瓣等比例图纸见附录）分别描绘9片、9片、4片、5片并剪下，用直径为0.2mm的铜丝穿好，可另准备5片⑤号花瓣备用。

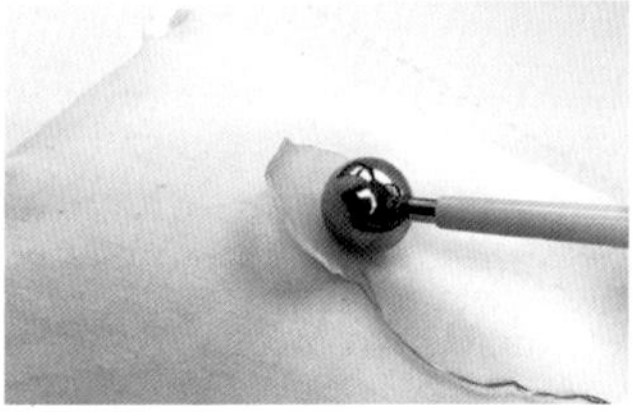

❷ 除了将①号花瓣吹制成半圆造型外，吹制其余花瓣时要选择合适的丸棒，并在加热过程中旋转丸棒，以使花瓣凹出轻微的弧度。

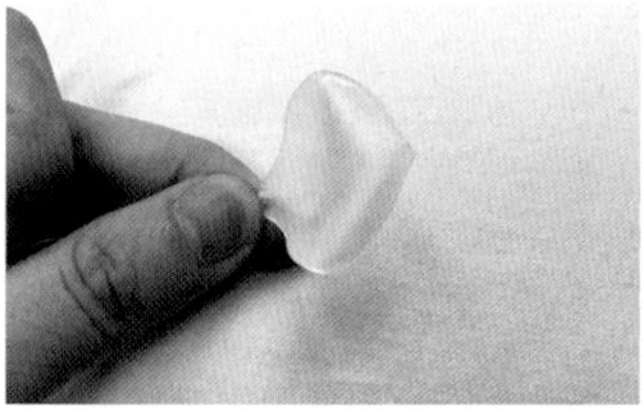

❸ 持续加热，用手指按住边缘往下用力，得到如图造型的花瓣。同理制作出其余花瓣。

上色（珠光媒介应用）

❶ 准备一罐丙烯珠光媒介，适量白色丙烯，少量黄色、绿色和黑色丙烯。

❷ 用白色丙烯混合少量黄色，加入丙烯珠光媒介调和均匀，给花瓣上第一层色。

❸ 干透后再单独刷一层丙烯珠光媒介，提高花瓣的亮度。

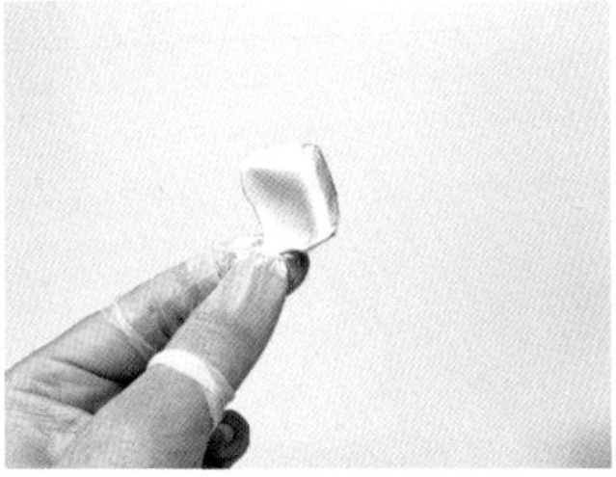

4 在绿色中加入丙烯珠光媒介并调和均匀，在花瓣边缘处上色。

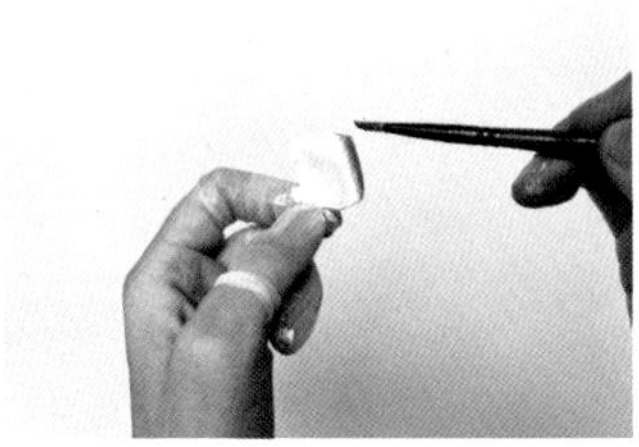

5 在绿色中混入少量黑色，加入丙烯珠光媒介并调和均匀，在已着色的边缘处少量涂抹以制作渐变效果。

6 按照图纸选取万能叶8片，分别涂成棕红色和墨绿色。准备好郁金香形状的捷克琉璃珠做颤枝。

组装

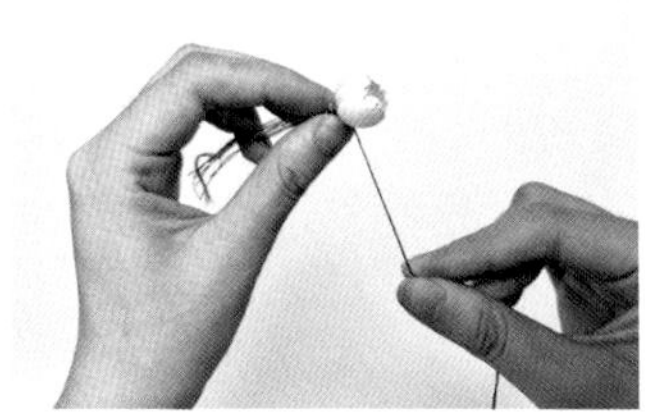

1 将①号花瓣围绕淡黄色玫瑰花蕊缠绕绑好。

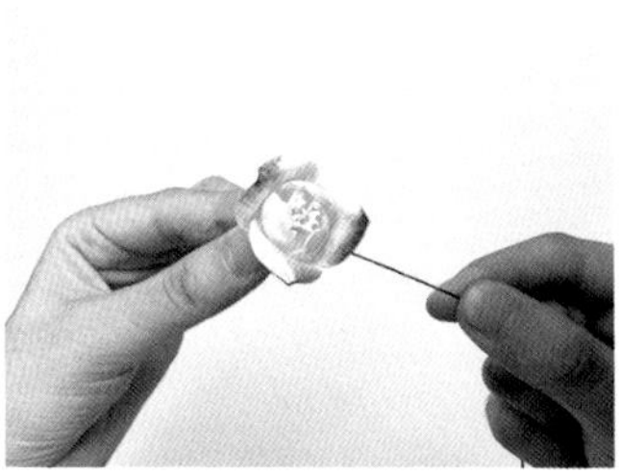

2 将②号花瓣依次对应①号花瓣的位置缠绕绑好，构成第二层花瓣。

3 将③号和④号花瓣分别作为第三层和第四层花瓣并依次缠绕绑好，若最后花朵大小不合适,则可以考虑添加第五层花瓣。

4 用同样的方法组装两个未盛开的花朵，用黏土和绒线在花萼处修饰。

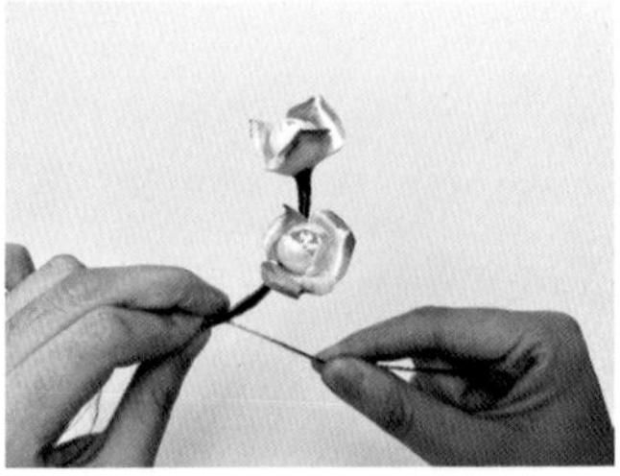

5 两个未盛开花朵约间隔一个大拇指宽，向下缠绕枝干。

6 在距离下方花朵约一个大拇指宽处接入两根颤枝，合并后向下缠绕。

7 间隔同样的距离接入一绿一棕两片叶子，合并后向下缠绕。

8 接入大朵玫瑰和两根铝丝，并分出两根枝干。

9 接入剩下的颤枝和叶子，合并后做第三根枝干并向下缠绕。

10 接入铝丝和剩下的叶片，加固第三根枝干。

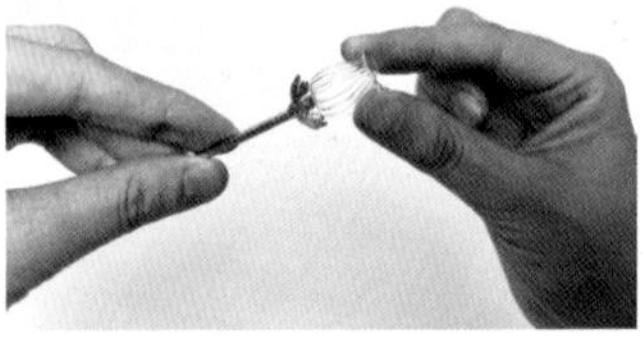

11 取一个微缩小花瓶用UV胶粘在花托发簪上。

12 将第三根枝干修剪成合适的弧度并插入花瓶中，调整好造型。

⑬ 用同色系小米珠填充花瓶缝隙，瓶口用UV胶加固。

⑭ 用绒线缠绕剩下的裸露枝干，调整好枝干造型，完成制作。

折露葵（葵花）·珠光水彩使用

金风玉露一相逢，便胜却人间无数。

我想我永远会为文字的表现力折服，属于秋风白露的缱绻，可以惊艳亘古岁月。不属于人间的故事，应该用不属于人间的花去表达，因此我创造了一种非常规的葵花。

设计图稿

在葵花的整体颜色设计上，我选择了自然界较少见的蓝色作为主色调，第二层花瓣以白色为主，制造奇异感的同时确定清冷的基调。藤蔓周围点缀细小的圆珠，颜色以金白二色为主，暗合“金风玉露”的相逢。

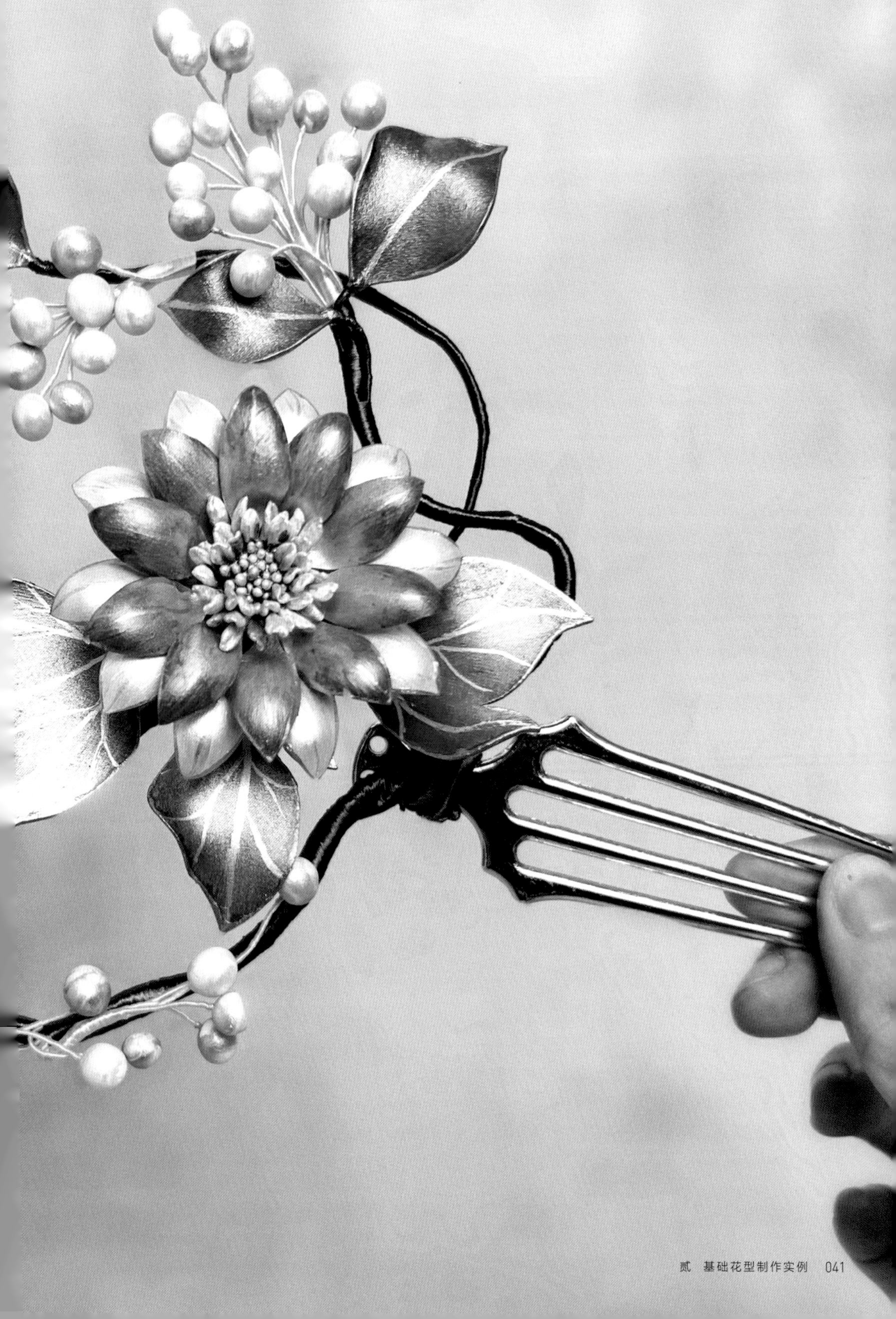

制作步骤

吹制

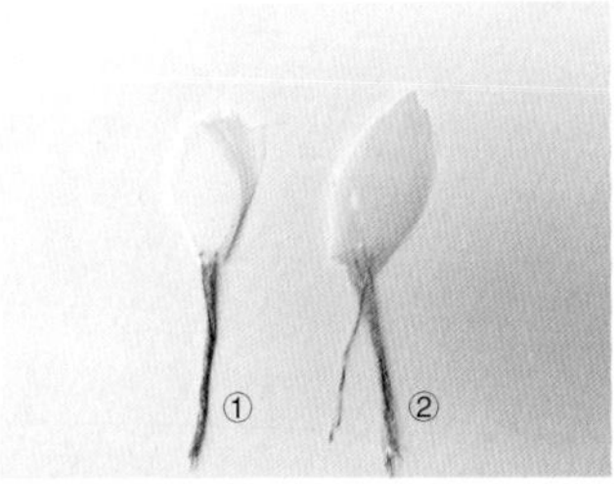

❶ 分别准备10片以上的①号和②号花瓣（花瓣等比例图纸见附录），穿好铜丝备用。

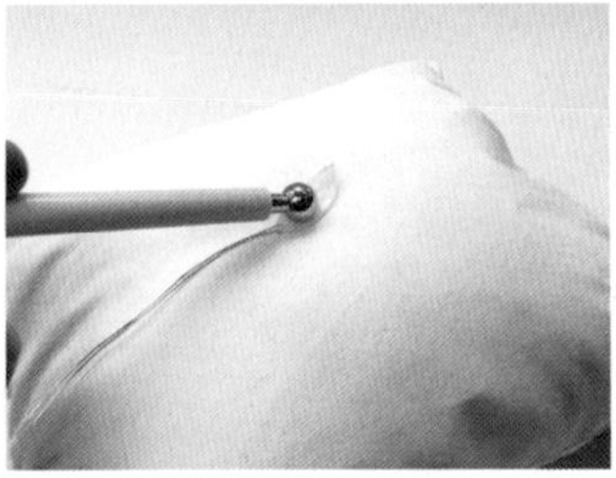

❷ 热缩片光面向上，加热时用丸棒来回滚动，制造一定的弧度。

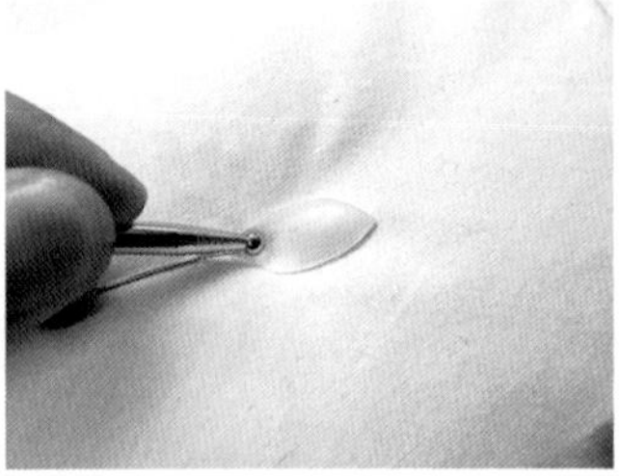

❸ 热缩片磨砂面向上，局部加热，选择足够小的丸棒按压出较小的凹面。

上色（珠光水彩应用）

❶ 准备白色、钴蓝色、珠光白色丙烯，深蓝色珠光水彩。

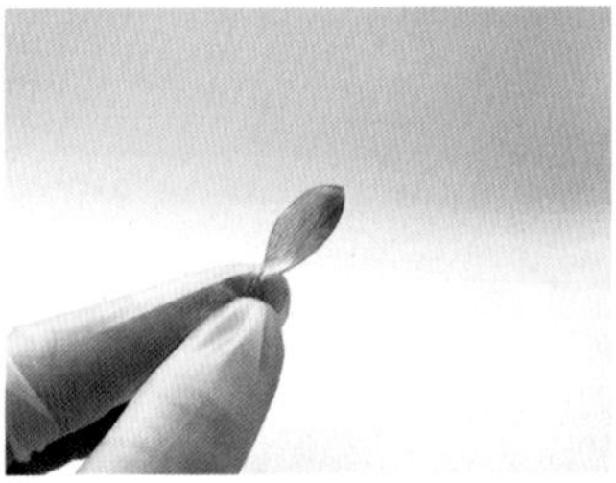

❷ 用白色和钴蓝色做渐变上色。

❸ 颜料干后用深蓝色珠光水彩为花瓣上半部分上色。

❹ 用珠光白色涂抹花瓣下半部分，覆盖一部分水彩涂抹区域，产生渐变效果。用银色高光笔勾勒花瓣脉络。

❺ 第二层花瓣只在根部做一点蓝色渐变效果。两层花瓣的边缘进行描金处理，增加花瓣细节。

❻ 叶子选了带一些蓝色调的墨绿色，同样用银色高光笔勾勒脉络和进行描金处理。

组装

1 葵花的花蕊分为里外两层，里层选一簇稍微小一些的圆形花蕊。

2 外层选长而扁的花蕊，使里外两层有明显的差异。

3 给做好的花蕊涂上金色。

4 组装第一层花瓣，排花瓣时可一上一下错开以增加层次感。

5 第二层花瓣与第一层错开排布。完成整朵葵花的组装。

6 用超轻黏土搓出若干个圆球，固定在铜丝上并做包线处理。

7 用金色和珠光白色按不同比例混合调色，在干透的黏土圆球上涂色。

8 将圆球按照设计图稿的样式大致制作成浆果丛，可以分成4~5部分以便于组装。

9 将一片叶子与小簇浆果组合，枝干接入铝丝，留出足够的长度并做包线处理。

10 将两片叶子和大簇浆果组合，同样预留足够长的枝干并做包线处理。

11 两簇浆果的枝干围绕成“8”字形，再合并接入铝丝向下延长，将主花接入。

12 将剩下的大叶片组装到葵花周围，合并剩下的铝丝并做包线处理。

13 将剩下的小簇浆果做成藤蔓状围绕在预留的枝干上，枝干回绕至右边的叶片位置处。

14 绑好主体，用缠绕的方式加固。

不落枝（菊花）·珠光色粉使用

宁可枝头抱香死，何曾吹落北风中。

从未有过一种花，被赋予如此丰富的内涵：花之隐逸者、富贵、肃杀、孤傲、思念……菊之于我，更像是一个风姿绰约的女子，会给我带来无数的灵感。

设计图稿

整体造型偏侧写，用叶片和藤蔓营造一种“风吹花叶”的动态氛围。在菊花底部增加多出的花瓣，整体呈现将落未落之感，正合诗句描写的画面。

制作步骤

吹制

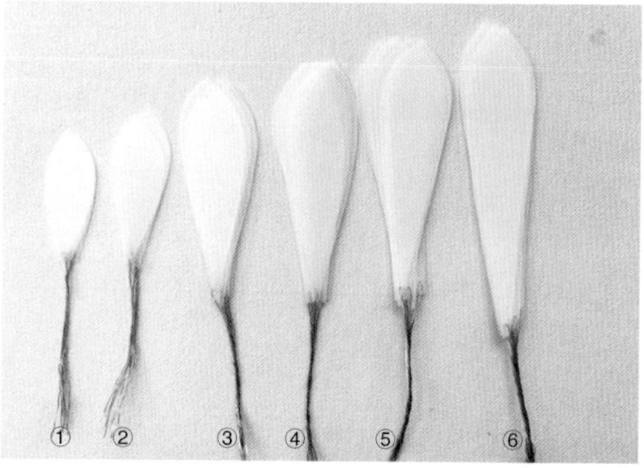

1 用双面打磨的热缩片分别准备5片①号和②号花瓣、10片③号花瓣，剩余花瓣各准备15～18片（花瓣等比例图纸见附录），穿好铜丝备用。

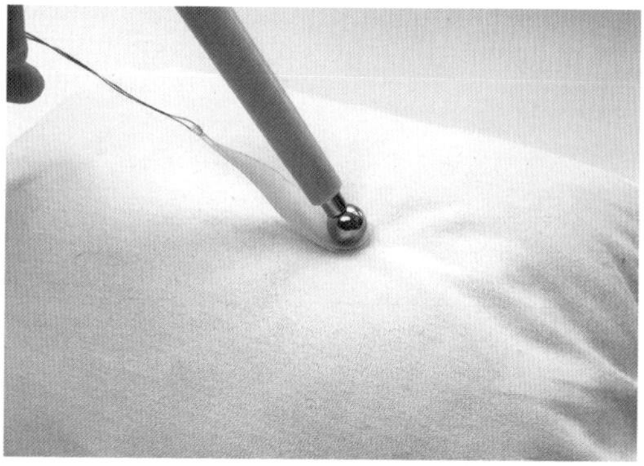

2 加热时，用小于花瓣最宽处的丸棒顺时针旋转按压，另一只手轻拽铜丝以控制花瓣弧度。

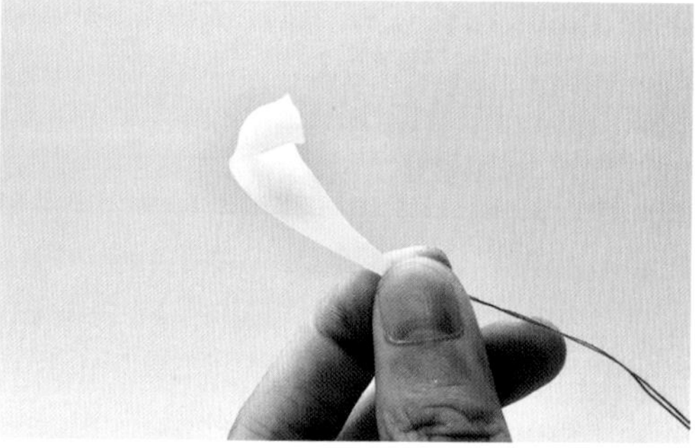

3 花瓣最宽处呈现中间突出，边缘稍微翘起的状态。

4 为最大号花瓣的最窄处吹出反弓的弧度。

上色（珠光粉的应用）

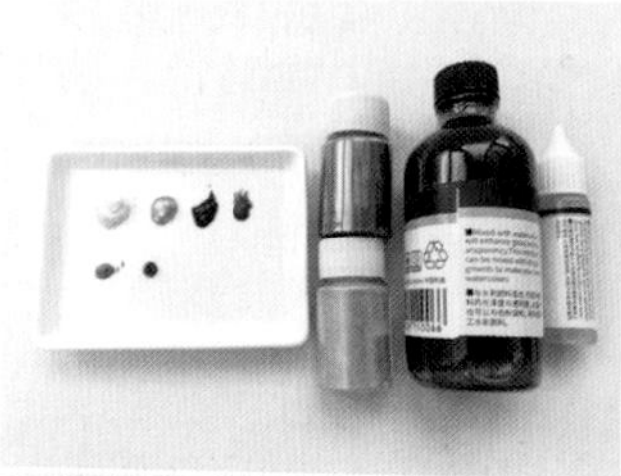

1 准备丙烯珠光媒介，金色、珠光紫色、珠光蓝色、珠光橘色和珠光红色丙烯，一深一浅两种珠光粉，阿拉伯树胶和牛胆汁。

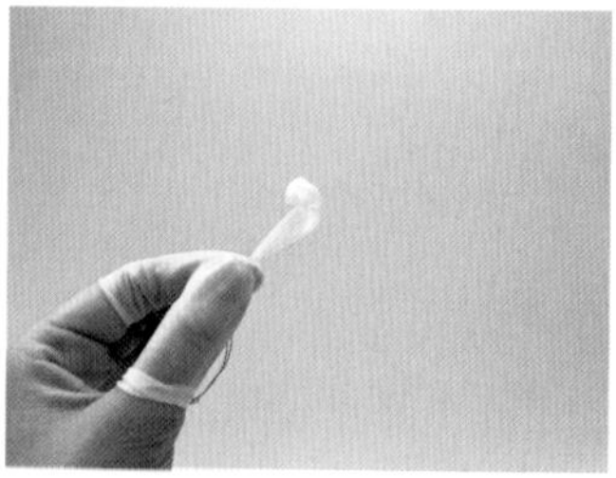

2 所有花瓣的里外两面都用丙烯珠光媒介打一层底色。

3 用丙烯珠光媒介与金色混合，调出两种金色，给第一、第二层花瓣分别涂上深金色和淡金色。

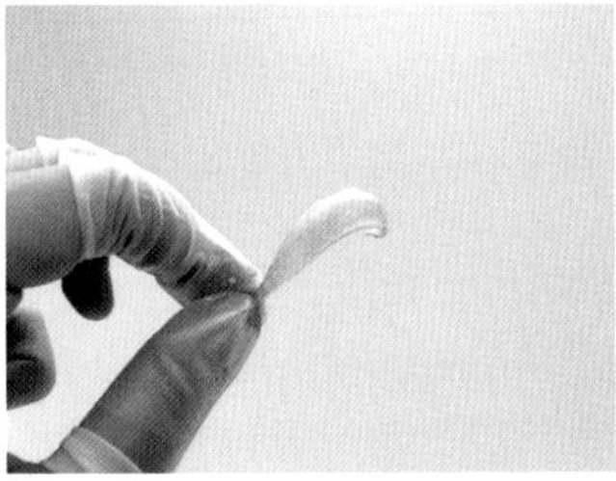

❹ 以最外层花瓣为例，底色干后用珠光紫色薄涂一层。

❺ 混合珠光蓝色和珠光紫色，趁上层颜料未干薄涂花瓣顶端。

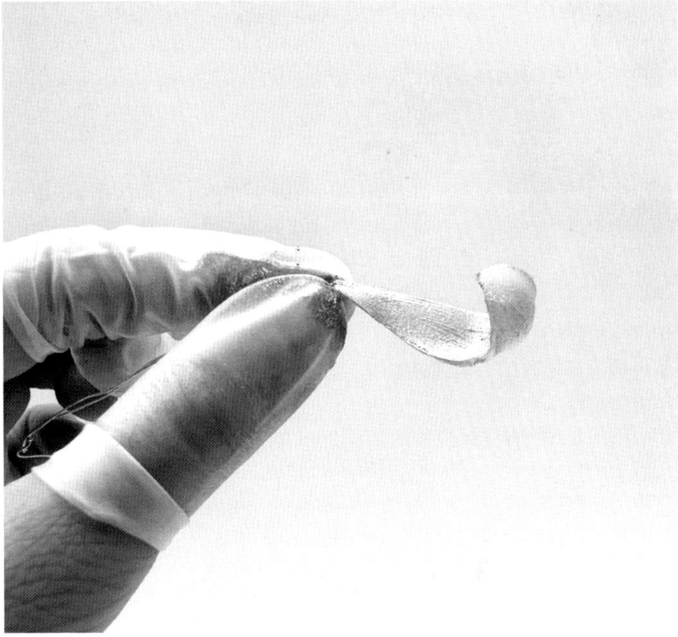

❻ 此时的花瓣内部可以隐约透出外层颜色，再在花瓣底部薄涂一层金色。

❼ 将一深一浅两种珠光粉和阿拉伯树胶以1:1的比例混合，加入一滴牛胆汁增强流动性。

❽ 在花瓣内部底端薄涂一层上一步调制好的颜料，干后自带偏光效果。

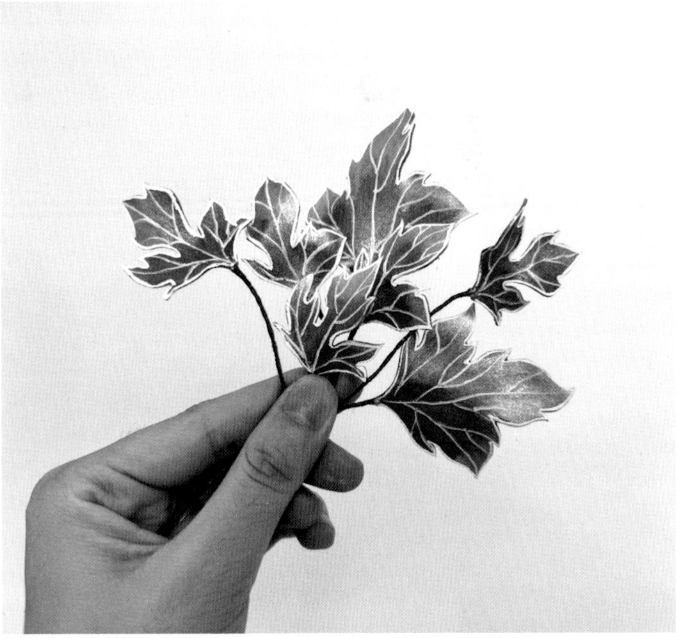

❾ 给叶子上色时，用珠光紫色和金色制作渐变晕染效果。用金色描绘脉络，用白色描绘边缘增强轮廓感。

组装

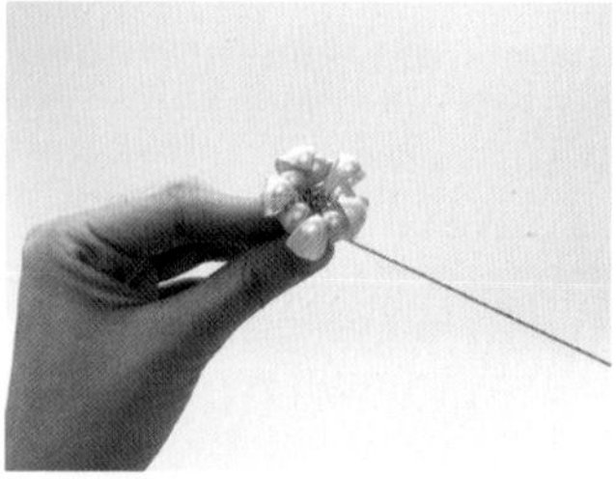

1 内层花蕊的金色是由深至浅、由里到外过渡的，组装时依次绑好花瓣。

2 第三层花瓣可以采用“内5-外5”的方式错开组装，以增强视觉上的繁复感。

3 第四层花瓣可以3片为一组，均匀分布在外层。

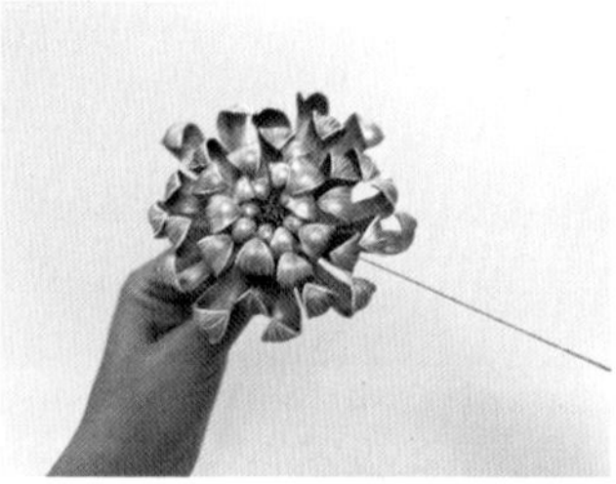

4 第五层花瓣的组装方法同上，最后剩下的花瓣调整倾斜角度固定在底部。

5 根据设计图稿，部件一以3片叶子为一组，接入铝丝并做包线处理。

6 部件二的两组叶子一大一小、一前一后排布，枝干应预留足够的长度。

7 部件一的枝干回绕，绑上菊花。

8 调整部件二的位置，使大组叶子位于花朵侧前方，呈环绕之态即可。

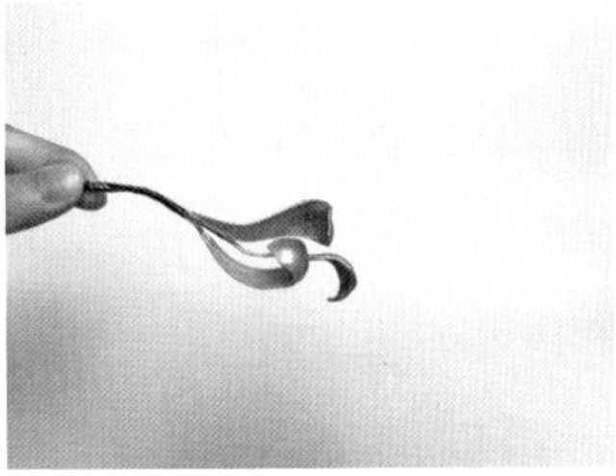

9 调整大号花瓣的角度，以2~3个为一组绑好。

10 选3组大号花瓣，绑为一个大组，以整体形态自然、有曲度美感为佳。

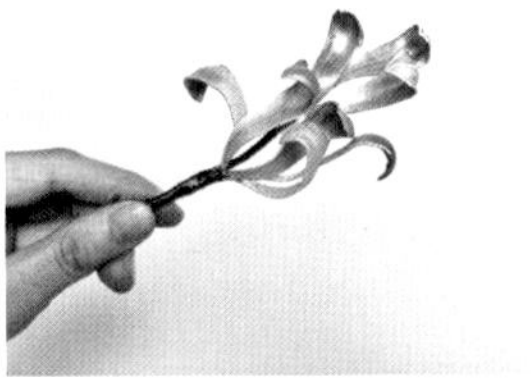

11 准备一组有散落感的花瓣备用，组装时搭配使用。

12 将有散落感的花瓣绑在如图所示的位置，用手调整角度并固定即可。

叁

热缩片的创意融合制作实例

热缩片+缠花

热缩片+绒花

热缩片+黏土

热缩片+绢花

热缩片+掐丝珐琅

用热缩片制作发簪属于现代技艺。热缩片接近塑料的材质使其既有特殊性，又有限制性。在前面做热缩片发簪的过程中，已经加入了琉璃、黏土等其他材料，只要整体搭配协调，就不会显得突兀。因此，本篇将融入更多技艺，包含传统的非遗技术等，进一步挖掘热缩片发簪的无限可能。

热缩片 + 缠花

关于缠花

缠花源于明朝，盛于清朝，是我国非物质文化遗产之一。现代缠花工艺多以硬卡纸为胚，用蚕丝线缠绕制作，是逐渐大众化的工艺的代表。

主要材料和工具

蚕丝线：除普通苏绣线、湘绣线之外，常用缠花线还可分为无捻蚕丝线和紧捻蚕丝线。

铜丝：以0.3mm的保色铜丝为主，也可以搭配其他规格的铜丝使用。

纸胚：市面上已有免剪纸胚可直接购买，也可在300g白色卡纸上自行绘制图样后剪下。

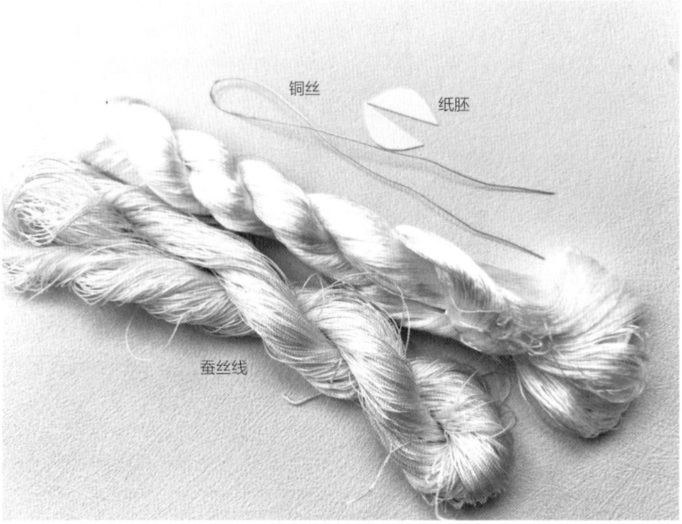

织梦 晕染技巧

晕染：一般选取色环中距离较近的颜色融合。

缠花染色难度适中，因此非常适合做水彩的晕染效果。本案例用蓝色、紫色、粉色三色晕染，因蚕丝线娇贵，故选用手指海绵上色，可以多次操作且不会破坏蚕丝结构。

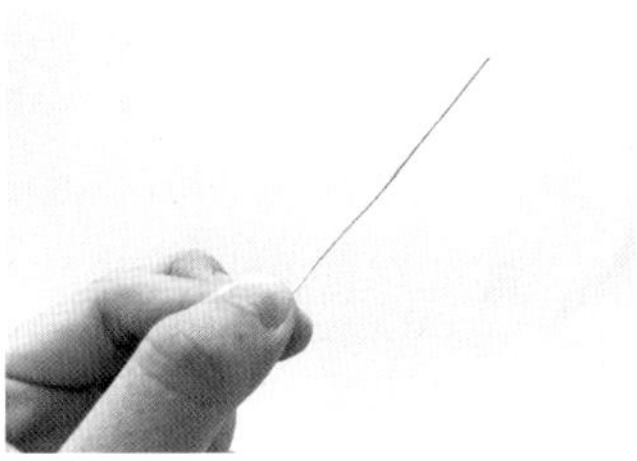

1 以紧捻蚕丝线为例，先在铜丝上缠绕一层蚕丝线增强摩擦力。

2 将叶形纸片贴紧绕线处，蚕丝线自窄向宽缠绕，确保蚕丝线覆盖部分的形状类似迷你的等腰三角形。

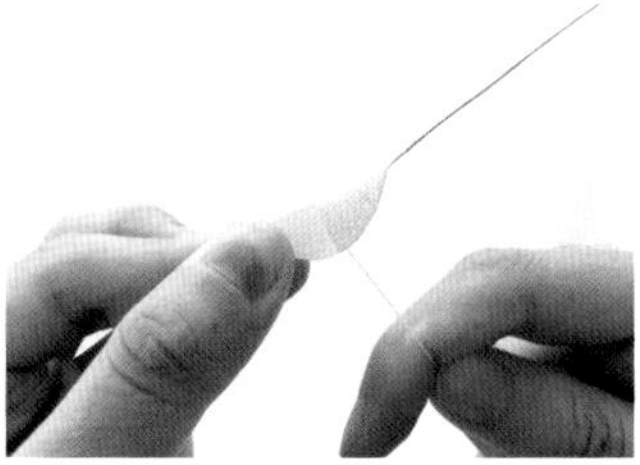

3 开头的蚕丝线缠绕稳固后，往叶片中间缠绕的过程中逐渐调整角度，以最中间的蚕丝线与直线边垂直为佳。

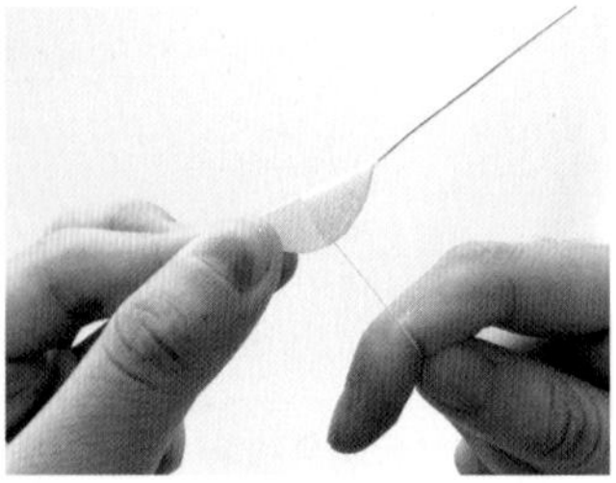

4 收尾处可以调转叶片方向，反向缠线更加稳固，不易滑线。

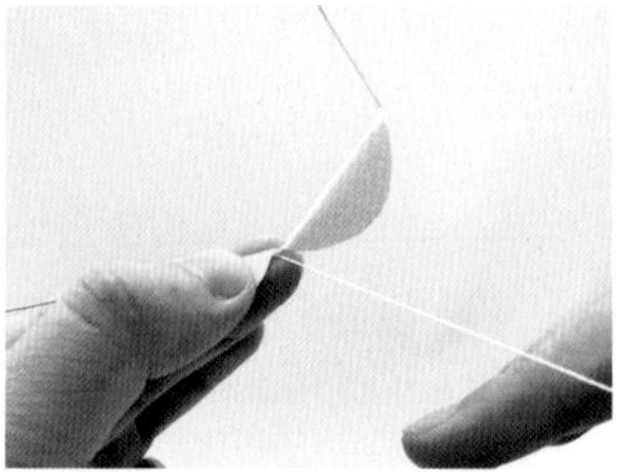

5 将对称的叶片接入，同样的方法缠线。

6 将已经缠好的两片叶片对折，合并铜丝，然后用剩余的蚕丝线收尾。

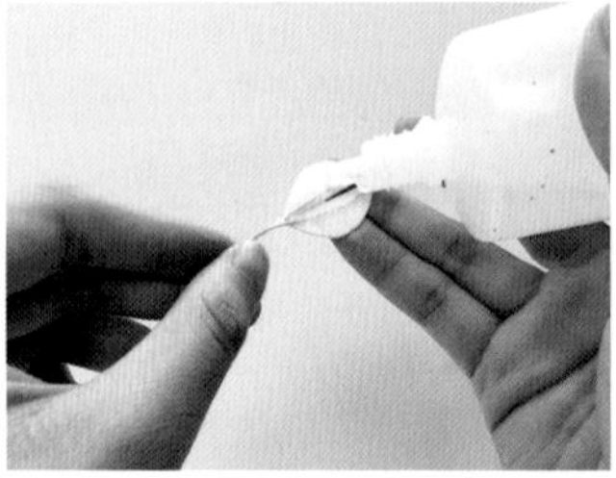

7 用锁边液涂抹背面，可以有效延长缠花叶片的使用寿命。

8 紧捻蚕丝线和无捻蚕丝线的缠花效果如图所示，可以根据需要选择。

9 用手指海绵蘸水彩，少量多次地按在叶片上涂色。

10 分别用粉色、蓝色、紫色随意晕染上色，组合起来既自然又漂亮。

11 用最小号的笔蘸金墨勾边。

12 缠花勾金边效果如图所示。

13 用与前一章中制作绿蜡香同样的手法给热缩片玫瑰花上色。

14 因为花叶用同色系晕染，所以搭配的琉璃珠也选取浅色系。琉璃珠的数量可多一些，以便组装时人为制造视觉分割线。

15 先组装一朵小玫瑰和若干缠花叶片、琉璃珠。

16 接入大玫瑰，两朵花前后错开。

17 在两朵花的空当处填入琉璃珠和缠花叶片。

18 在大玫瑰花下接入琉璃珠和缠花叶片，完成制作。

热缩片 + 绒花

关于绒花

南京绒花是江苏省省级非物质文化遗产，自唐朝起便有记载，在明朝开始兴盛，于清朝达到鼎盛。因谐音“荣华”，所以绒花颇有吉祥、祝福之意。绒花的原材料同样以蚕丝线和铜丝为主，本书所讲解的绒花制作方法为改良后的工艺，与传统做法有一定区别。

主要材料和工具

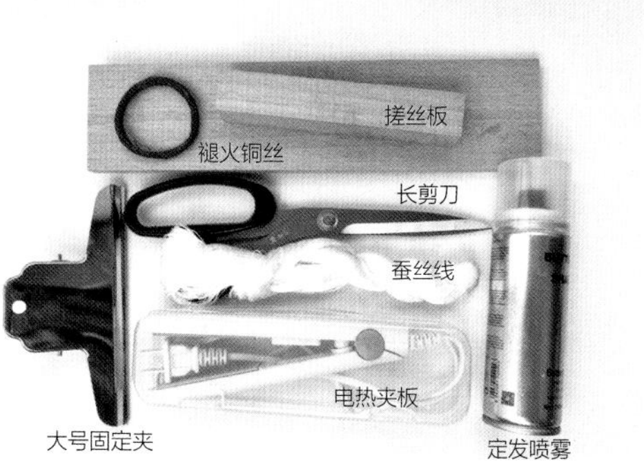

原材料：采用无捻蚕丝线能省去批丝环节，会比较方便；铜丝为特制的紫铜丝或黄铜丝。

梳绒工具：梳子可用文玩猪鬃刷代替，大夹子可多备几个用来固定蚕丝线，如无可绷紧蚕丝线的直角区域则需购买专门的木架。

造型工具：刀锋较利、刀刃较长的剪刀用于剪绒条，两根木条用于辅助搓绒条，电热夹板和定发喷雾用来定型。

谙达 拼色技巧

拼色：与晕染不同，拼色是有选择性地将多种颜色组合在一起，只在颜色交接的边缘处晕染。

经过特殊处理的绒片质地坚硬，有一定的颗粒感和光泽感，与热缩片可以更好地组合。除珠光水彩外，丙烯珠光媒介也可以在打底时使用。

1 取3~4根蚕丝线作为一组，按照图中打结方式拴到一根长棍上。

2 排好的绒线不宜过密，宽度为10~12cm。

3 每次梳绒只取1~2组蚕丝线，自上而下梳。每次梳绒时梳子不宜离开蚕丝线表面。反复多次梳，将蚕丝线梳开。

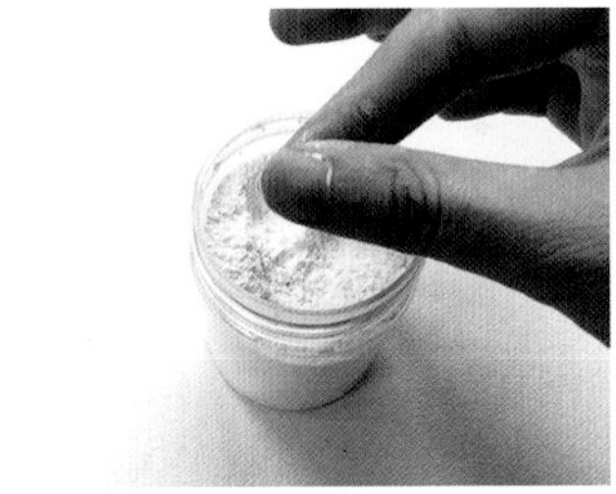

❹ 栓铜丝之前应用手指蘸镁粉以增强摩擦力。

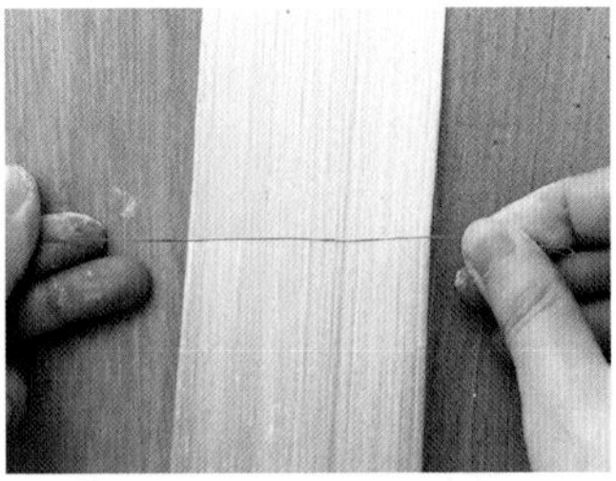

❺ 双手分别搓紫铜丝或者黄铜丝，使其两端旋转固定，中间贴合在梳好的蚕丝线上。

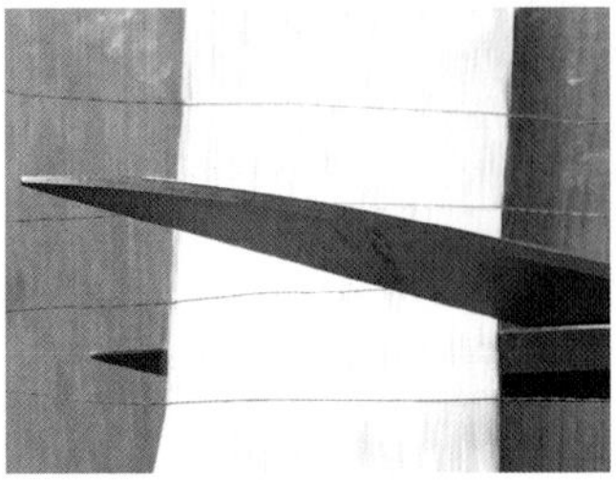

❻ 在铜丝与铜丝之间剪下绒条，可根据自己需要的长度调整铜丝的间距。

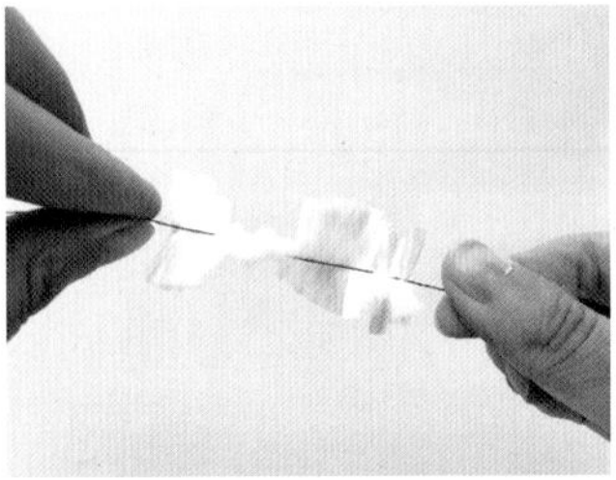

❼ 双手握住剪下的绒条，并按照拴丝过程的方向旋转，转出大概的绒条造型。

❽ 按照同样的方向将铜丝另一端放在木条之间，用小木条搓绒更方便。

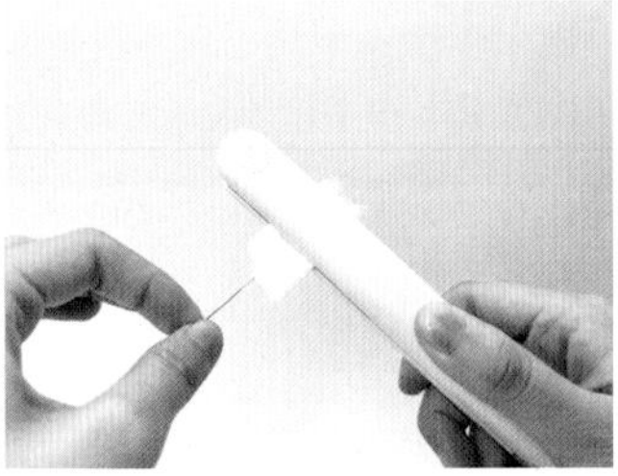

❾ 搓好的绒条先用预热好的电热夹板定型。

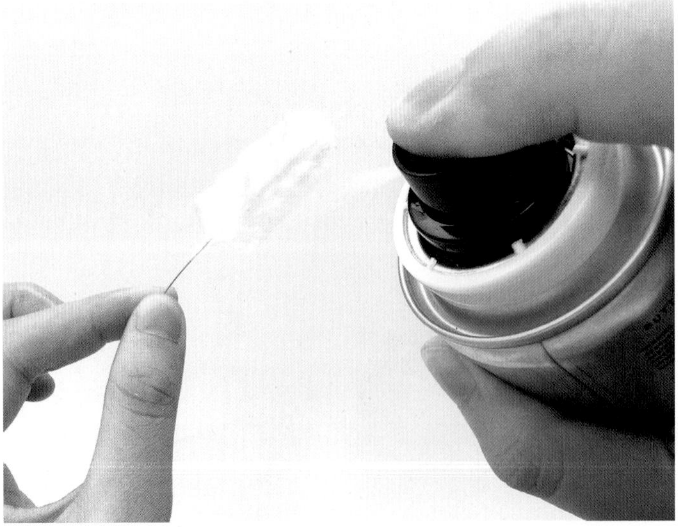

❿ 用定发喷雾对准绒条喷，注意正反两面都要喷透。

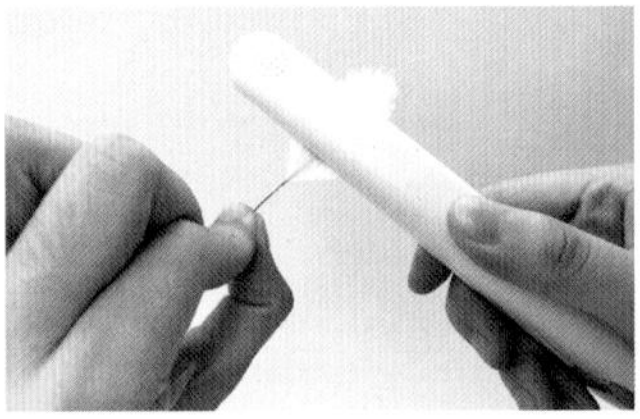

⓫ 在定发喷雾干透之前再用电热夹板定型几次。

⓬ 重复以上步骤即可得到造型较为结实的绒片，该绒片适合用水彩上色。

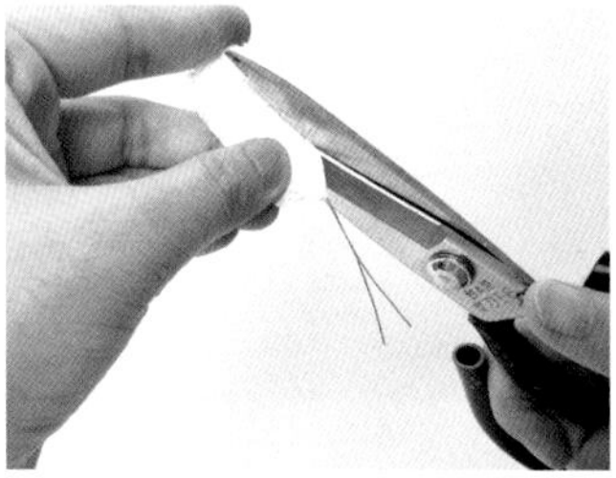

13 用剪刀修剪绒片。成对的翅膀图案可以两片叠在一起剪。

14 若把握不好形状，可以先用勾线笔在绒片上绘制大概的图案再剪，剪完后在无笔迹一面上色绘制。

15 蝴蝶上半部分翅膀以深棕色向金色过渡，先薄涂一层。下半部分以深棕色向白色过渡。

16 翅膀边缘用黑棕色向内部晕染，以增强翅膀的立体感。

17 分别用黑色水笔和白色高光笔画出蝴蝶的斑纹。

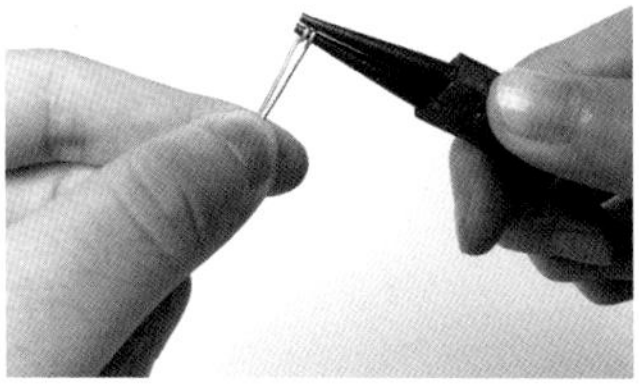

18 用圆嘴钳夹住0.6mm的铜丝绕一个小圈作为蝴蝶触须，用手调整蝴蝶触须的弧度。

19 用单股深色绒线在铜丝上分别绑上蝴蝶的翅膀，向下缠绕一段距离做蝴蝶的身体。

20 制作的蝴蝶因具有晕染效果，在不同的角度下均可呈现金色反光。

21 为做出拼色效果，将葵花花瓣分为3部分：白金色、深棕色、边缘部分的金棕晕染色。

22 按照颜色分布依次组合整朵葵花。

23 选同样的拼色系列琉璃珠作为配饰。

24 蝴蝶和叶片、配饰分别组合成合适的部件。

25 花朵先与部件组合，一边观察比例一边调整方向。

26 剩下的部件分别组合在一起，制造出蝴蝶环绕花朵的效果。

热缩片 + 黏土

关于黏土

作为一种较为大众化的手工材料，与黏土相关的技艺的历史十分悠久。从我国民间的面塑艺术到西方的雕塑艺术，古有陶泥陶俑，今有手办模型，甚至在神话中都有女娲黄土造人之说。黏土的种类丰富，其对应的手工类别众多，本案例以石塑黏土和树脂黏土为主要原材料。

主要材料和工具

原材料：石塑黏土和树脂黏土。

骨骼材料：细铝丝和锡纸贴纸。

塑形材料：

PET塑料文件夹，可代替硅胶垫和亚克力压板使用；

金属塑形工具，最简单的套装便可满足日常使用需求；

硅胶笔，用来涂抹组合痕迹和粘部件；

画笔，主要用于上色；

塑胶擀面杖，常用的塑形工具之一。

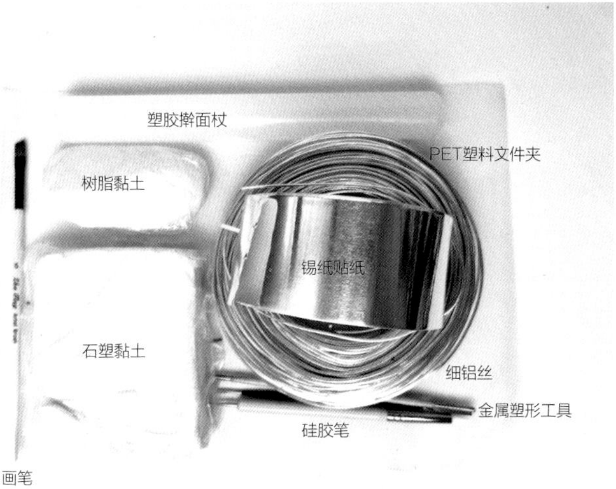

骊龙 单色调技巧

单色调：只选一种主色，不断加入黑色和白色产生深浅变化，可制造出中式水墨风格的效果。

本案例中对黏土使用丙烯颜料上色是为了获得和热缩花相似的质感，若为了追求细腻质感可用喷枪上色。

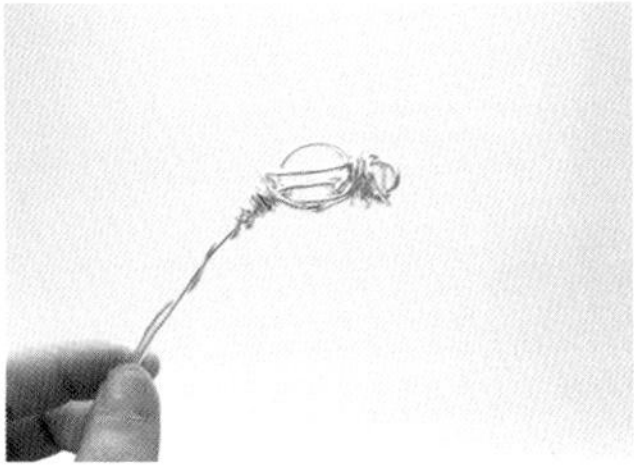

1 先用铝丝缠绕一个大概的内部构架。

2 用锡纸贴纸缠绕出大概的造型，中空的结构可以使整个配件尽量轻。

3 用石塑黏土环绕内部构架，用手指蘸水涂抹，使黏土黏合在一起并去除多余的黏土。

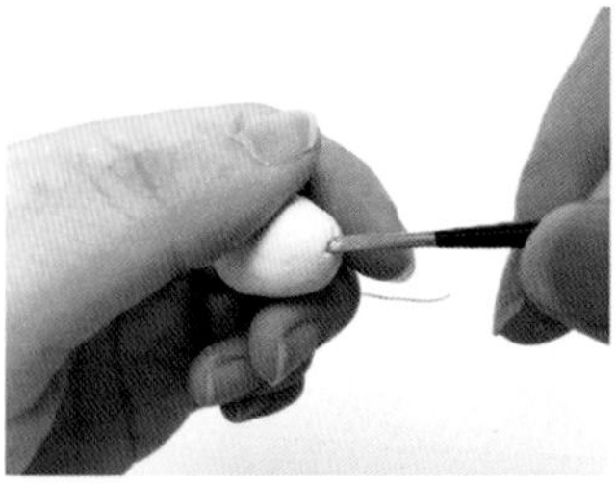

❹ 用塑形棒先规划出大概的鱼嘴和头部区域。

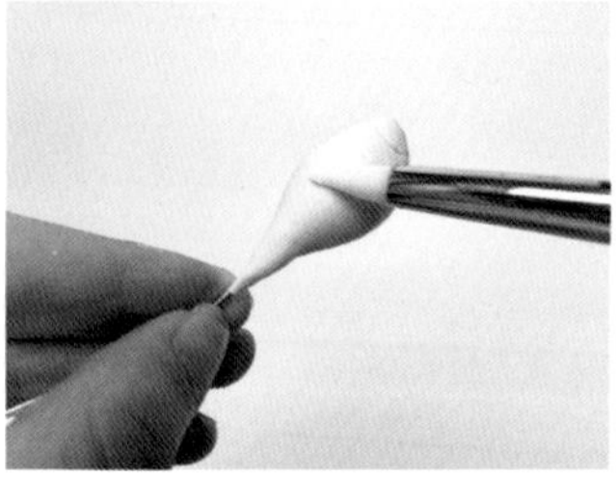

❺ 用硅胶笔蘸水涂抹鱼身，修出想要的大小和造型。

❻ 用圆形塑形棒按压出半圆形的鱼鳞。

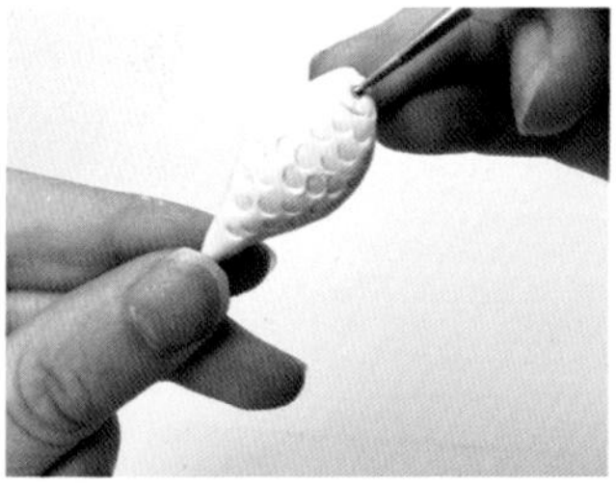

❼ 用最小号丸棒点出鱼眼轮廓。

❽ 用塑胶擀面杖将树脂黏土压成扇形小饼。

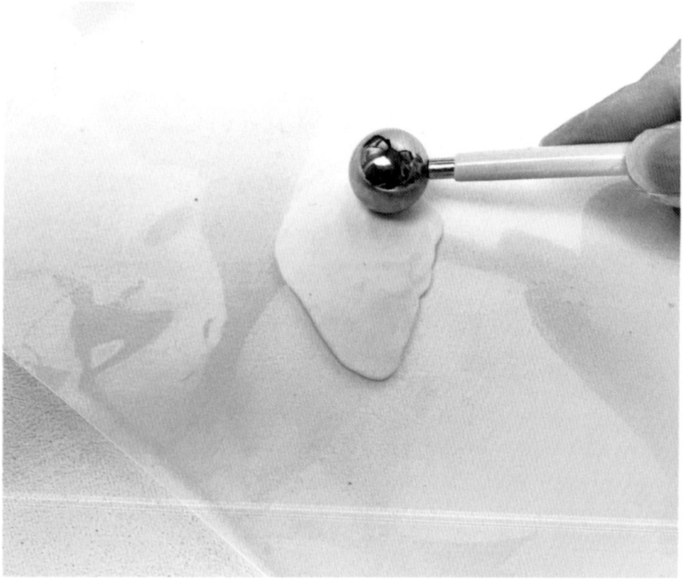

❾ 用大号丸棒碾压扇形小饼边缘。

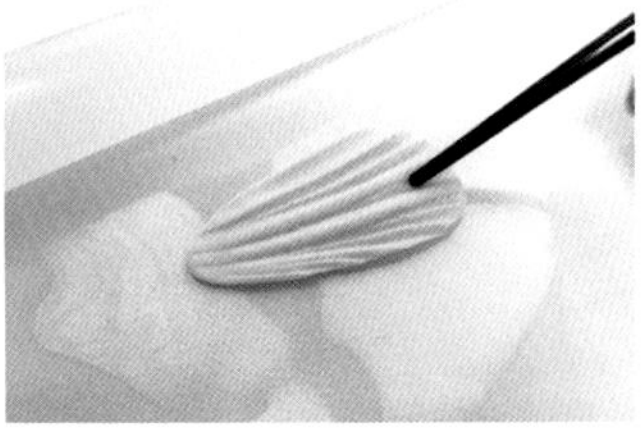

⑩ 用画笔的尾部沿着厚处向薄处反复描摹，用细节针加深并扩大沟壑。

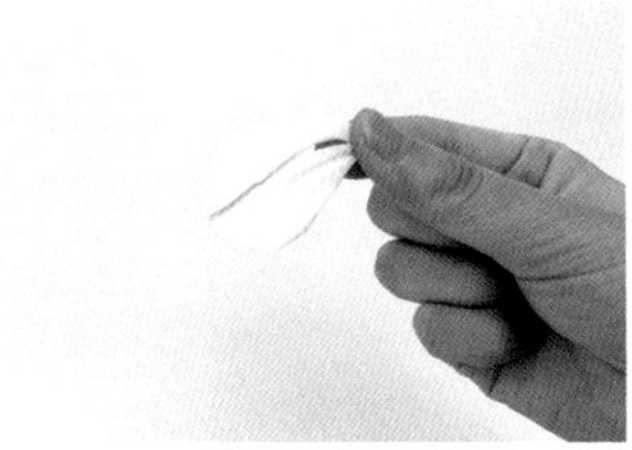

⑪ 用剪刀修剪鱼尾的形状。

⑫ 用石塑黏土混合水做黏合剂，将鱼尾粘在鱼身上，用硅胶笔刮去多余的黏土。

⑬ 用同样的方法做鱼鳍，等黏土完全干后再做涂色处理。

⑭ 用珠光红色为主色，涂抹在鱼背鳍处；将珠光红色混合珠光白色后往鱼尾和鱼腹过渡。

⑮ 用珠光红色混合珠光黑色，涂抹在鱼背鳍、鱼尾边缘作为阴影，可在浅色处适当加深。

⑯ 用黑色小钢珠做鱼眼粘在轮廓处，待颜料干后，用美甲钢化封层均匀涂抹整体。

⑰ 用紫外线照干美甲钢化封层，金鱼整体呈现出水后的晶莹感。

⑱ 用和上一章中制作荷花相同的方法制作一朵荷花，在浅粉色荷花花瓣边缘点缀深红色。

⑲ 按照单色调技巧分别制作两片深色系荷叶、两片浅色系荷叶，均用高光笔画出叶脉。

⑳ 小荷叶和装饰珠都选了深红色，以突出浅色的荷花，组合得到部件。

㉑ 单色调荷花荷叶组成的部件自成一景，也可以做成拆分款。

22 金鱼进行包线处理后与荷花、荷叶组装，构成金鱼跃出水面贪食荷花的场景。再增加一些装饰珠。

23 将所有部件组装得到水墨画般的荷花金鱼簪。

热缩片 + 绢花

关于绢花

自古以来，丝绸、绢缎都是身份的象征，历史上东方和西方都有绢花兴盛的时期。随着科技的发展，绢花逐渐细化，并有了不同的称谓。手工绢花又称烫花、造花等，手工制作与机器制造的最大不同在于作品的造型更加多变、使用的布料更加昂贵。

主要材料和工具

原材料： 已浆好的亮缎，如做花朵则用中硬布料，做叶片则用固硬布料。

造型工具： 烫花器与烫镘，一般成套购买，其中铃兰烫镘需要单独购买；烫花垫，表面包裹一层布料的海绵或自制的烫包皆可作为烫花垫。

上色材料和工具： 大托盘，用作调色盘；颜料分为固体颜料和液体颜料，可用固体颜料加水调配成液体颜料装到滴管瓶中备用；羊毛笔刷，吸水性强，适合用来调色和染布料；树脂胶，用于固定；金墨/珠光水彩等，用来增强视觉效果。

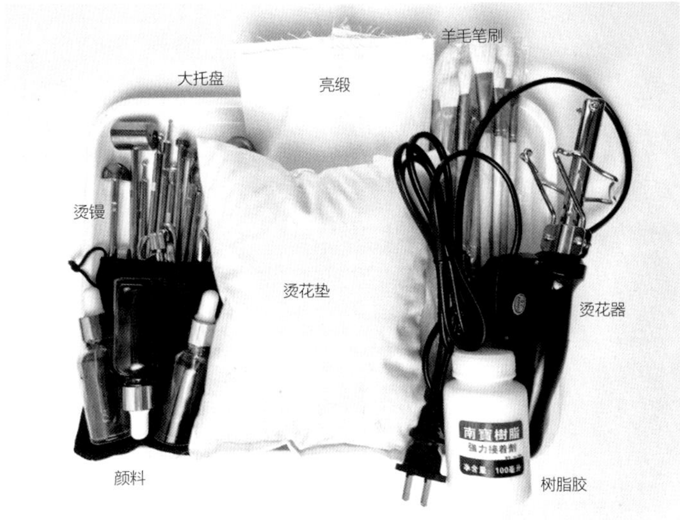

胡洲 撞色技巧

撞色：选取在色环中相隔较远的两种颜色，通过对颜色比例的调控形成强烈的对比。

因为烫花布料吸水性极强，使用水溶性颜料时着色速度快，所以表现撞色时可用两支笔刷同时上色。常见撞色组合有蓝色—橘色、紫色—黄色、紫色—绿色、红色—绿色等。

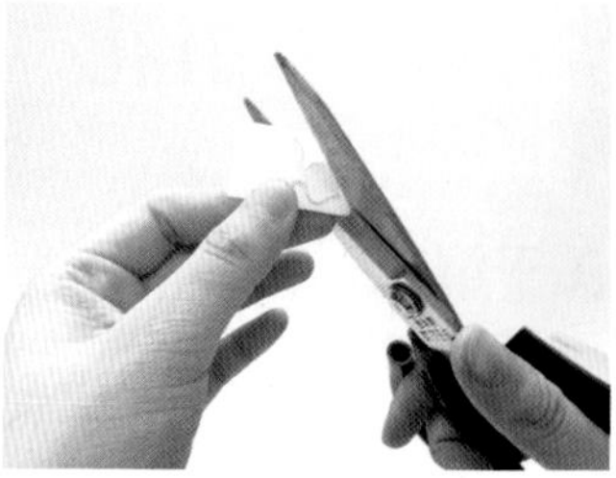

2 将布料剪成合适的矩形，按设计好的图样进行裁剪，得到若干花瓣。

1 在硬卡纸上设计需要用的图样，可以多画几种规格以便组装出不同大小的花朵。

3 将剪下的花瓣按照一大配一小的方式分组，共计20组左右。

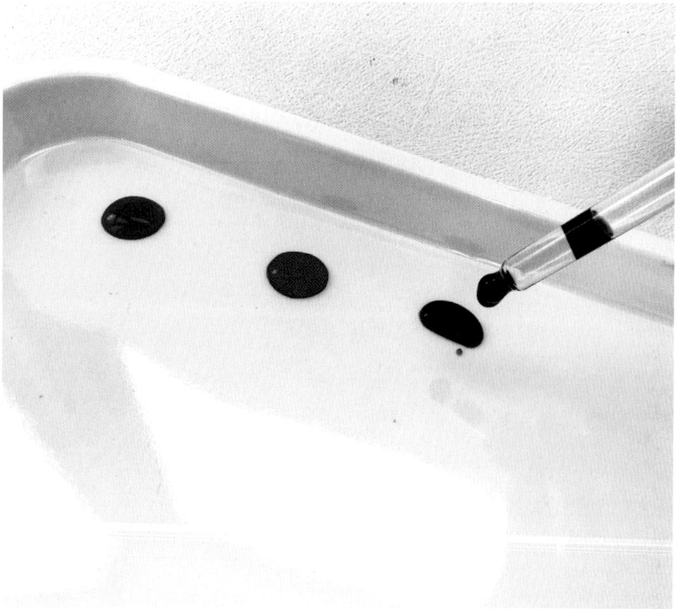

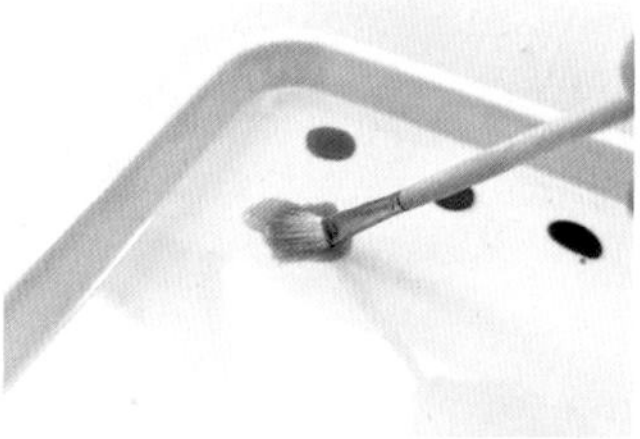

5 用羊毛笔刷充分吸水后蘸取颜料调色。

4 在调色盘内分别滴入蓝色、红色、紫色、橘黄色的颜料。

6 上色前先进行试色。

7 分别给花瓣染上不同比例的蓝橘双色，染好后平铺晾干。

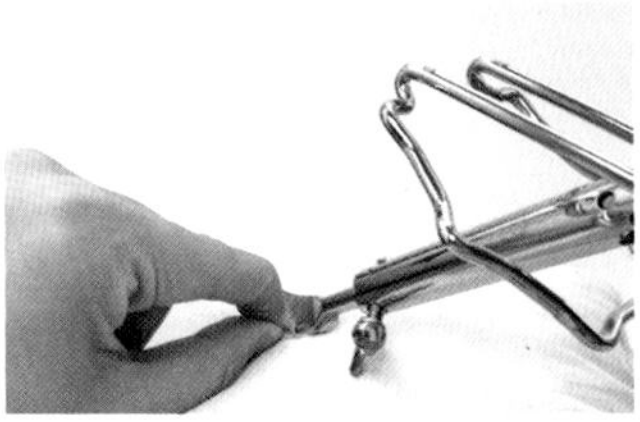

8 预热安装上刀镘的烫花器，然后单手固定花瓣进行操作。

9 用刀镘在花瓣中间烫出一道痕迹。

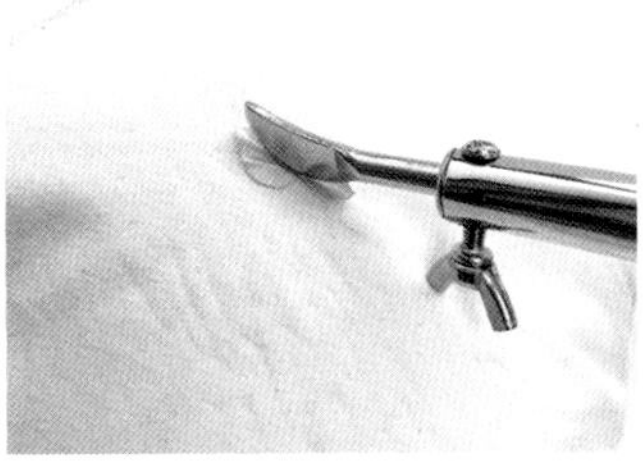

10 将花瓣翻转，在另一面用刀镘烫出斜纹理。

11 反复多次，烫出如图所示纹理。

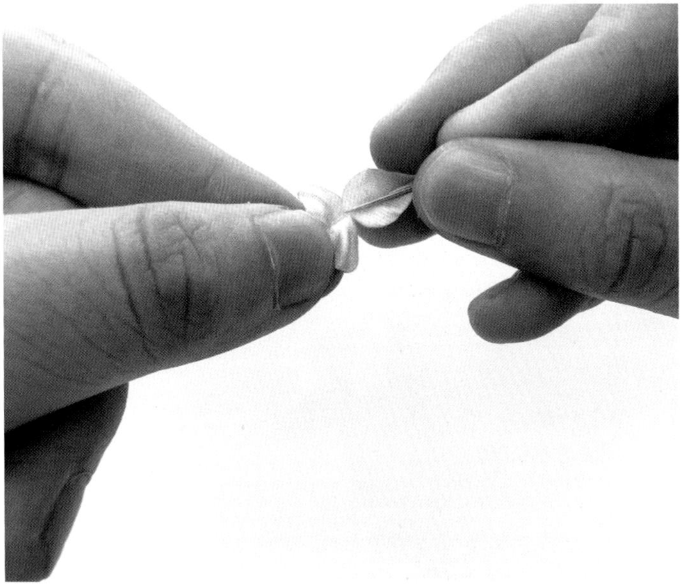

12 用针在花瓣中间戳出一个洞。

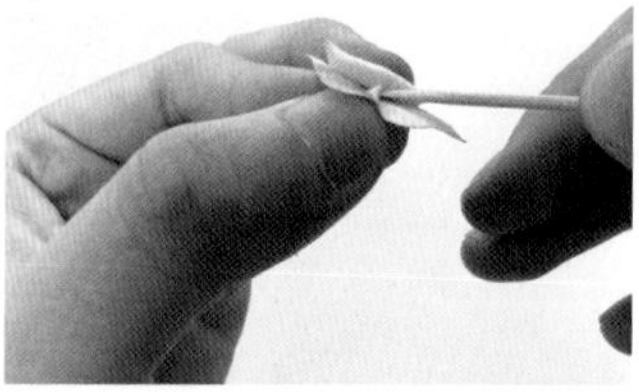

⑬ 两片花瓣之间用牙签蘸上树脂胶固定。

⑭ 以串珠的方法将大小不一的花瓣组装起来，得到若干四瓣花。

⑮ 主花部分为牡丹，制作方法与上一章中的牡丹花相同，注意将上一章牡丹花中最内层半圆形花瓣更换为小号绽放花瓣以有所区别。主花颜色以橘色为主，花瓣边缘和花蕊为蓝色。

⑯ 搭配的琉璃珠全部选用蓝紫色色调的小珠子。

⑰ 对绢花和做好的叶片、蓝紫色的琉璃珠分别进行组装，枝干通常偏向一边。

18 将枝干与主花组装起来，得到一支撞色感强烈的抓眼发簪。

热缩片 + 掐丝珐琅

关于掐丝珐琅

掐丝珐琅源于景泰蓝，也是我国非物质文化遗产之一。传统的掐丝珐琅多用于铜胎、瓷器之上，随着工艺的不断发展创新，逐渐被应用在各类首饰及生活用品上。其中珐琅彩也由需要烧制的矿物颜料衍生出可直接黏合的矿砂，更加便于使用。

主要材料和工具

掐丝材料： 以金色扁铝丝为主，也可用其他颜色的扁铝丝。

釉料： 如有条件可购买目数高的天然矿砂，其和胶水调配后上色效果更佳。

胶类材料： 掐丝胶，多为黄色或淡黄色，黏稠且易干；调砂胶，与水混合后加入颜料可附着在物体表面；淋膜胶，用于掐丝珐琅的最后封层步骤，可提高亮度和牢固程度。

其他工具： 针管分装软瓶（挤胶瓶），用于分装掐丝胶，针管还可以辅助绘制线条；画铲，主要的填色工具。

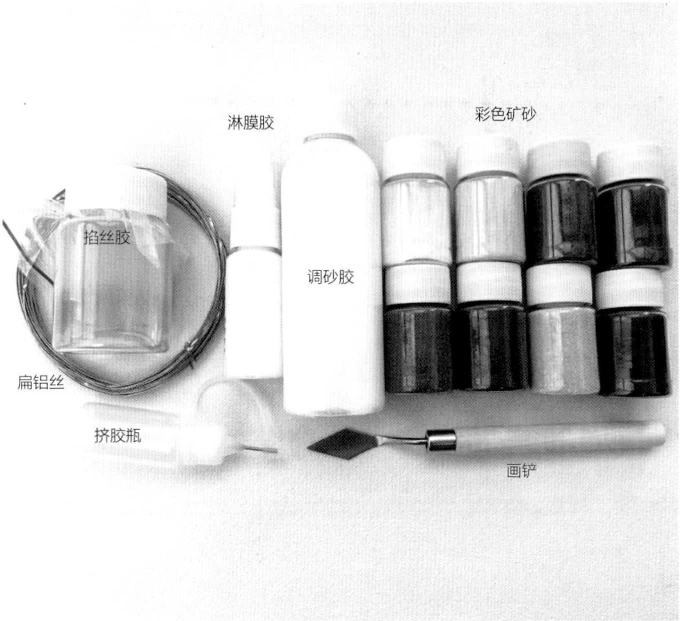

撩花 跳色技巧

跳色：在大面积铺色的同时突兀地加入一点其他颜色，常用跳色为蓝色、紫色、红色等饱和度高的颜色。

掐丝珐琅多色彩鲜艳且讲究色彩之间的过渡自然，因此外形上较为华丽复杂，与热缩片搭配时可以采用跳色方法增强热缩片与掐丝珐琅的适配性。

❶ 在热缩片上用白色水溶性铅笔绘制需要的图案。

❷ 将热缩片剪下，放至烤箱中加热到平整。

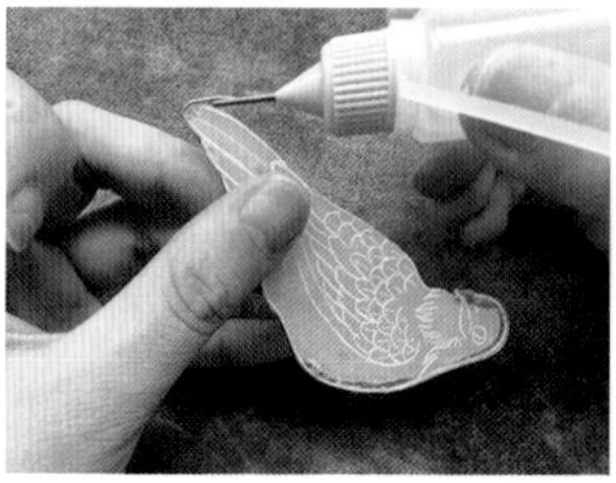

❸ 按照线条走势挤上掐丝胶。

❹ 用手与钳子将扁铝丝弯曲成合适的弧度，剪下后按线条走势粘在热缩片上。

❺ 完全掐完丝的热缩片如图所示。

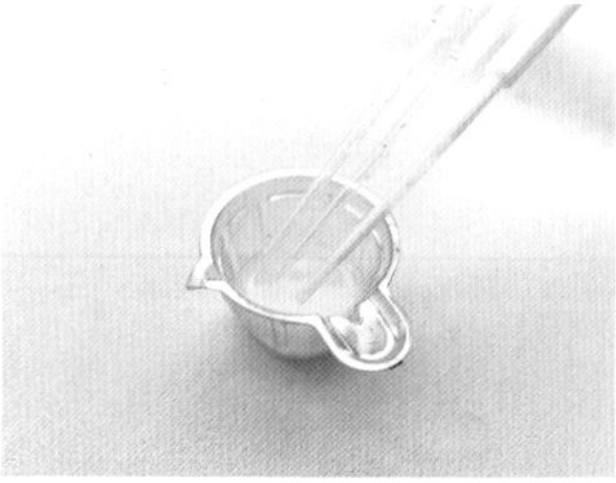

❻ 将调砂胶与水按照1:2的比例混合。

❼ 在尾部和翅膀的羽毛底端填充深蓝色。

❽ 羽毛中部用橘粉色填充，棕红色用来充当深蓝色和橘粉色的过渡色。

❾ 在腹部边缘填充橘粉色以加深轮廓。

10 用白色填充剩下的部分。

11 填充嘴部和眼睛，抹平釉料等待晾干。

12 晾干后喷上淋膜胶。

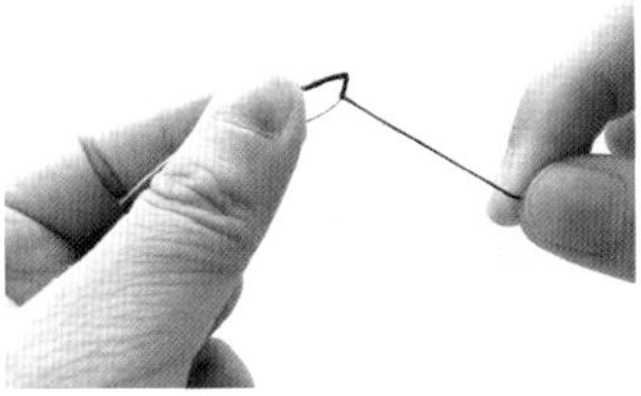

13 取一截直径为0.4mm的铜丝，包线并对折。

14 重复包线并对折3次，得到一个三趾爪，将铜丝回绕，注意预留足够长度的绒线。

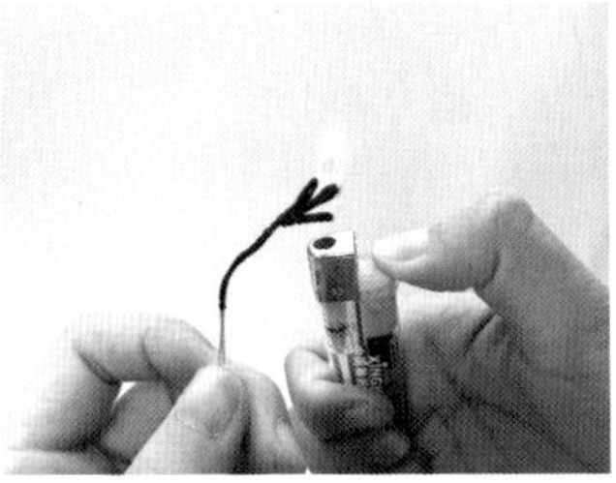

15 用打火机烧去多余的浮线，加固爪子整体。使用相同的方法再制作一个。

16 准备大小两种规格的圆片各两片，加热至完全平整。

17 用大圆片加UV胶做底片，两片小圆片做轴并为其缠绕钢丝，用UV胶加固后再加盖上另一片大圆片。

18 为钢丝包线后将其与爪子组装在一起。

⑲ 准备一些热缩片花瓣，涂上珠光红色。

⑳ 用制作掐丝珐琅的方法给热缩片花瓣做掐丝金边后组装。

㉑ 用珠光蓝色在花瓣边缘处做跳色处理。

㉒ 组装主枝干，鸟的爪子搭在主枝干上更为自然。

㉓ 在鸟的身后组装另一根枝干，增强画面的层次感。

㉔ 在主枝干上加入棕色系琉璃珠和其他花叶，丰富画面。绑上发簪主体，完成制作。

肆

热缩作品图鉴

蝴蝶梦系列

四色视系列

诗人说系列

时之匣系列

蝴蝶梦系列

“思想者的手永远抵在额头，尽管触碰不到颅中的蝶骨”。在许多光怪陆离的梦中，“我”常常化身为蝴蝶，复眼里映刻着真实世界里不存在的风景。蝴蝶是梦中“我”的载体，意识世界里触碰不到的鲜花，会在梦醒时如微光中的鳞粉一样消散，而制作蝴蝶和绚烂的花朵，就像是在记录自己的梦境。

朔春 · 花瓣蝴蝶

溪山·黑白纹蝴蝶

尚林·蝴蝶翅叶

用铜丝作金边的掐丝绒花，视觉上会更具有轮廓感和非现实感。这一套花簪分别做了大、中、小三种规格，可以自由组合搭配。

安时歌 · 蝴蝶套簪

颜色取材于极度高温下的蓝色火焰，蝴蝶为整个设计的视觉中心，用变色龙色粉增加色彩的变幻感。

炯光 · 冰焰蓝蝶

灵感源自染色体部分变异导致对称变色的生物学现象，翅膀的色彩不同使得这只蝴蝶变得胆小，喜欢藏身在颜色相似的花丛中。

妄生 · 拼色蝴蝶

这里的设定不同于胆小的蝴蝶，有些色彩绚丽的蝴蝶偏爱单薄、简单的素花，以突出自身的色彩绚丽。蝴蝶翅膀上抖落的鳞粉将花蕊与四周的叶片染红，所过之处，皆留绚丽。

靡途 · 郁金香花簪

灵感源自变色龙，变色龙可根据环境改变自身颜色，使自己与环境融为一体。珠翠一体的团花则更可以成就出一只不属于现实世界的烂漫蝴蝶。

烂漫 · 花叶同色蝴蝶

在民间故事里，这种黑色凤尾蝶常
被比作已故亲人的灵魂，带有一丝
神秘色彩。

三秋节 · 鬼凤蝶

蝴蝶的翅膀模拟宝石纹路，这个作品的灵感源自“夏虫不可语冰”一文。黑白渐变的虞美人与墨灰色的叶子营造出一种冬日的氛围，用细小的金属装饰蝴蝶又可增添一种不真实感。

丧语冰 · 宝石蓝蝶

这个作品的设定是以夜空为翼、星光为辉的蛾类，并将其身体构造简化成宝石花朵，更显奇异。精灵一般的夜蛾所停靠的花朵都染上星空的神秘色彩，仿佛泛着光晕。

夜蛾 · 系列花簪

四色视系列

对美丽事物的向往，是一种生物本能。我时常被本能裹挟，迷失在色彩构成的国度里。深度的迷失更像好奇，好奇在不同生物眼中，世界又是什么样子呢？斑斓的生物拥有更多的视锥细胞，所以也许在它们的世界里，自己反而是平淡无奇的。于是我开始想象并寻找这些颜色，像在玩一个永远不会结束的游戏。

夜晚，披着月光的秋日红叶。

秋原夜 · 蝴蝶肌理彩叶缠枝簪

芙蓉诔 · 牡丹团花绕簪

幻海 · 金箔云枝葵花簪

莲生 · 碗莲蝴蝶花簪

厄里斯 · 卷边玫瑰花簪

蝴蝶和花的组合的寓意吉祥，经常被使用在服装和绣品上，因此我将蝴蝶的外表设计成红衣绿帔式样，用木浆片小花模拟绣花。鲜艳富丽的颜色正应“罗衣”之名，整体偏水红色的基础上跳出薄荷蓝色，与蝴蝶遥相呼应。

罗衣 · 百花穿蝶双玫瑰花簪

振玉 · 虞美人花簪

虹夫人 · 彩虹玫瑰花簪

蓝染·蔷薇

花开到极致时色彩最为浓烈，同时也意味着它即将凋零。或许在不同的视觉系统里，象征终点的深蓝色早已染上花朵，而花朵却将所有生命力灌注在最后的绽放中。这里运用深红色和深蓝色这一组对比明显的色彩表现。

蓝染 · 绣球

嫣瑾 · 蔷薇花簪

斯年 · 蔷薇绣球花簪

枇九 · 玫瑰琵琶发簪

乌有 · 蔷薇花簪

黑色山茶花，用金色加强轮廓感，设定为有着金属光泽的黑色花瓣在不同角度下呈现不一样的色彩。选同色系水滴形状的配饰模拟花骨朵。又因整体色调类似昆虫背甲，故得名《五毒》。

落星·蓝紫牡丹花簪

诗人说系列

我始终认为文学、音乐、美术等艺术都具有相通性，可以超越表象直达内心。诗人通过文字创造意向，通过意向构筑场景，通过场景寄存感情。可我不是诗人，我更像一棵树，想归于文字的大海，可我的双腿生了根。树会开出花来，会被蛀空，但隔岸的人不会知道。我只需要让人们看见，我一季美过一季就够了。

“南风知我意，吹梦到西洲”，语出南北朝时期诗歌《西洲曲》。

西洲 · 荷花

“愿君多采撷，此物最相思”，语出唐朝诗人王维的《相思》，这里用缠花浆果染出深浅不一的红色拟作红豆。

拒相思 · 红豆蔷薇簪

“宁可枝头抱香死，何曾吹落北风中”，语出宋朝诗人郑思肖的《寒菊》。

不落枝 · 菊花造型簪

“水面清圆，一一风荷举”，语出周邦彦的《苏幕遮·燎沉香》。用深绿色和金色的主色调描绘夕阳之下的荷叶与水面层叠的画面，荷花整体呈向上托举的姿态。蜻蜓的白色翅膀起到点睛作用，以减少深色调带来的沉闷感。

风荷举·蜻蜓绿荷簪

永昼 · 浮光牡丹

这一组对比设计，灵感源自“浮光跃金，静影沉璧”，同色系的明暗深浅变化集合于整朵牡丹之上，搭配对应色系的蝴蝶点缀。

永夜 · 静影牡丹

“野田生葡萄，缠绕一枝高”，语出唐代诗人刘禹锡的《葡萄歌》。

一枝香 · 玫瑰葡萄花簪

出自《法华经 · 卷一》，梵语音译，为四天花之一。

曼珠沙华

曼珠沙华亦有红莲花之意，“业火红莲”也成为现今文学创作中常出现的意象。

业火红莲

将民间怪谈故事经常出现的狐狸妖，与颇有佛学渊源的花朵组合，别具一番趣味。

狐狸与曼珠沙华

“金秋桂子，十里飘香”，这个作品融合了水墨画元素，为突出桂花的色泽将叶片制作成水墨色，更具诗情画意。

丹桂

“白璧微瑕者，惟在《闲情》一赋”，语出南朝萧统所著《陶渊明集序》。常言道“瑕不掩瑜”，故设计的此款发饰为与青与深色交染，依然不损美丽。

白璧微瑕

时之匣系列

时间是一种玄妙的概念，过去是确定的却无法追溯，将来是未知的但都有迹可循。如果时间只是造物者笔下的一条河，那文明就是河床上闪烁的金子——古董形状的金子、文物形状的金子、非物质的和抽象概念般的金子……我想做一个宝匣，也来收藏丁点漫长时光里留下的纪念。

牡丹与蝴蝶的色彩进行做旧处理，叶片模拟的是氧化后发黄的效果。

子峡 · 仿古董发饰

灵感来源于老绣片，热缩牡丹做了扁化造型，着重强调金边后达到一种近似点翠与绒花的效果。

山叶 · 平面牡丹梳

将传统色宝相蓝与珠光色搭配应用，不仅拥有烧蓝般的端庄效果，还具有宝石一般的光泽。

风凝北 · 菊花簪

整个发梳的颜色灵感来源于天然玉石蔷薇辉，在此基础上增加孔雀绿色的占比，用传统颜料虫翅粉附色。

蔷薇辉 · 葵花梳

灵感来源于孔雀尾翎，黑色为底加上调色胶仿出漆器效果，再绘制出贝壳质感的图案以达到螺钿的视觉效果。其中蝴蝶做了可扇动翅膀的分离效果，搭配蝶贝材质的小花，低调而奢华。

三途川 · 仿螺钿簪

蝴蝶翅膀设计为宝石质感的叶片，

展开后是镜贝制作的半透膜。

秘林 · 仿螺钿幻想蝴蝶

主体太湖石为天然玉石雕刻而成的

小物件，搭配虫翅粉金箔竹叶和仿

漆器效果的阴影。

顽竹 · 漆

利用金箔的硫化反应烧出绚丽的色彩谓之“烧箔”。在仿漆器的效果上绘制出烧箔色彩，搭配藏蓝与金的双色荷花。兼具传统与创新，颜色靓丽，对比鲜明且不失沉稳。

藏子 · 烧箔荷花簪

蝴蝶纹理来源于青花瓷，这里做了淡化加工。

紫阳赋 · 青瓷蝴蝶

灵感来源于陶瓷的质感，用黏土和有色胶制作出仿陶瓷桃子，轻便且结实。

桃花釉 · 五彩桃

配色灵感来源于《千里江山图》和
“我见青山多妩媚”一说。

青绿腰 · 玫瑰花簪

砖红色仿陶质感的银杏，绘有古典梅花纹理，将秋冬两季融于一体。

仿陶片银杏

宋人尚白，无论是白色珍珠还是白角冠，浅白色代表的温润清雅在民间非常流行。宋人印象色套簪整体风格偏淡，白色为主，混入灰色系偏光的花瓣，蝴蝶以纹路增加复杂感，红色系天然石配件起到点睛作用。

暌违 · 宋人印象色套簪

用较硬笔刷制作毛流感，浅翠色与
白色的渐变恰似鹦鹉羽毛。

天微翠 · 仿鹦鹉毛色葵花簪

清宫剧里常出现的大拉翅、小拉翅发型往往是满头珠翠，这里用黑色蝴蝶拟其形态，辅以翡翠琉璃等装饰。其中三朵花由深至浅的过渡也可以看作是头部妆造和云肩衣物的对比，整体华丽而沉重。

翡冷翠 · 清人印象色发饰

万物生系列

随着对热缩片领域的深耕，我逐渐产生了“万物皆可热缩”的理念。既然将丙烯用作颜料可赋予热缩片独特的肌理，那么尝试不同的颜料，再进行整合制作，也可以做出更多不同的效果。

不妨再将“颜料”这一概念进行扩展，用各种无机质的物品作为“颜料”填充、制造尽态极妍的花鸟虫鱼，这是属于我的“万物生”……

灵感来源于模型手办用渗线液做旧处理后形成的类似铜锈的斑驳面。在这个作品中，我用丙烯堆涂模仿传统鋈刻黄金的效果，再用渗线液进行做旧处理，这样铜器表面斑驳的效果更逼真。

笼屋 · 仿铜器效果簪

灵感来源于真瓷器烧窑前要涂一层透明釉。在这个作品中，我将透明肌理膏调稀，搭配独特的上色技法模拟出瓷器半透明的釉面效果。另外，我还用了粉色陶瓷珠做点缀。这两种材质浑然一体，视觉效果十分出彩。

天青色·仿瓷器效果簪

这里我用了特殊美甲胶：猫眼胶。
我利用其磁性特点以磁铁为画笔，
吸附出漂亮精美的猫眼宝石外观。
本支作品整体色调偏暗，搭配纯铜
仙鹤颇为古典沉稳。

谢春红 · 猫眼宝石效果

我在这个作品的最外层透明肌理膏中加入了光学变色颜料，营造出在室外阳光（或紫外线）下逐渐变色的动态效果。同时在颜色搭配上跳出了传统瓷器留给大家的印象，加入了“生如夏花”的诠释，这已经是全新的热缩风格了。

夏了釉 · 变色瓷效果

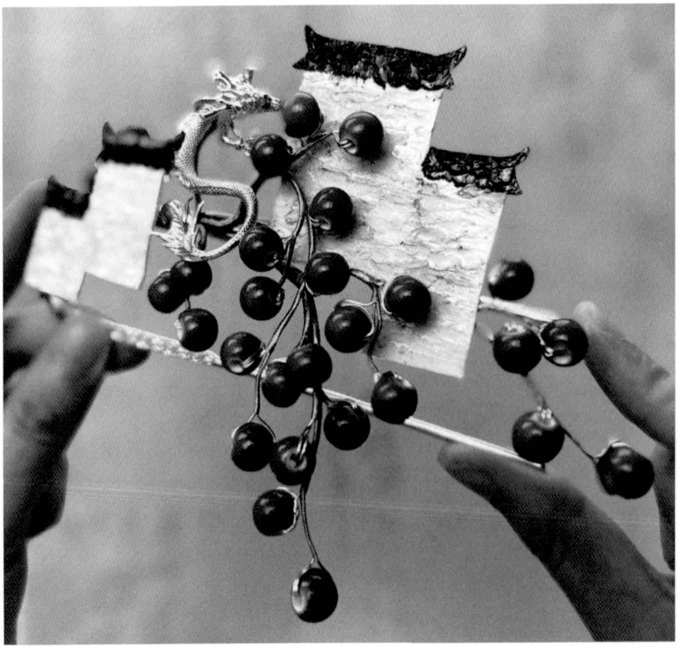

在这个作品中，我用了油画棒这一画材。将油画棒加热后，用画铲做出马头墙墙面斑驳的纹理效果。墙檐用画铲多次堆叠模拟立体的瓦片。用红色小珠子做出柿子红的意象，中式韵味跃然于眼前。

盘墙小龙 · 马头墙效果

这里我选用了双面打磨的热缩片，这样一面用彩砂“绘画”时，另一面仍可保留磨砂白的质感，比光面更加符合掐丝珐琅画的调性。用这种工艺做出来的热缩与其说是发簪，不如说是立体的装饰画，十分精致。

梅花弄 · 掐丝珐琅效果

用珠光奶油胶涂抹而成的花瓣，在灯光下闪烁着一层晕光，恰如古典油画质感。奶油胶干后质地坚硬，又似巴洛克珍珠一样色彩绚丽，与丙烯制作的热缩作品相比会更加梦幻一些。

春山媚 · 巴洛克珍珠效果

织锦 · 米珠鸡冠花效果

把大小不一的米珠看成放大版的彩砂，就可以理解为我为什么能把米珠看成“颜料”。放大的粒子组合起来恰如鸡冠花的侧冠，再点缀一些细节，整个热缩片全然脱胎换骨了。

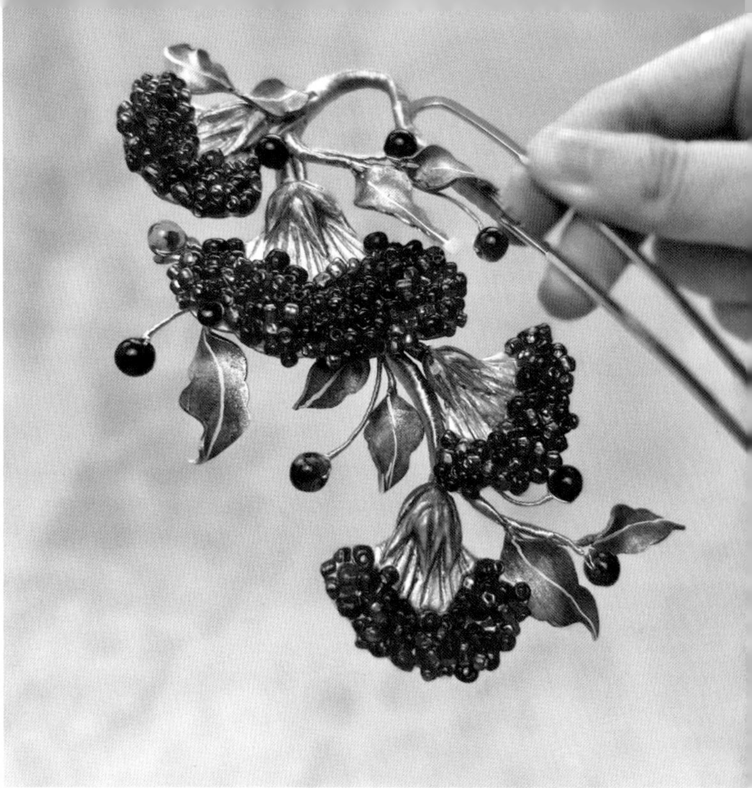

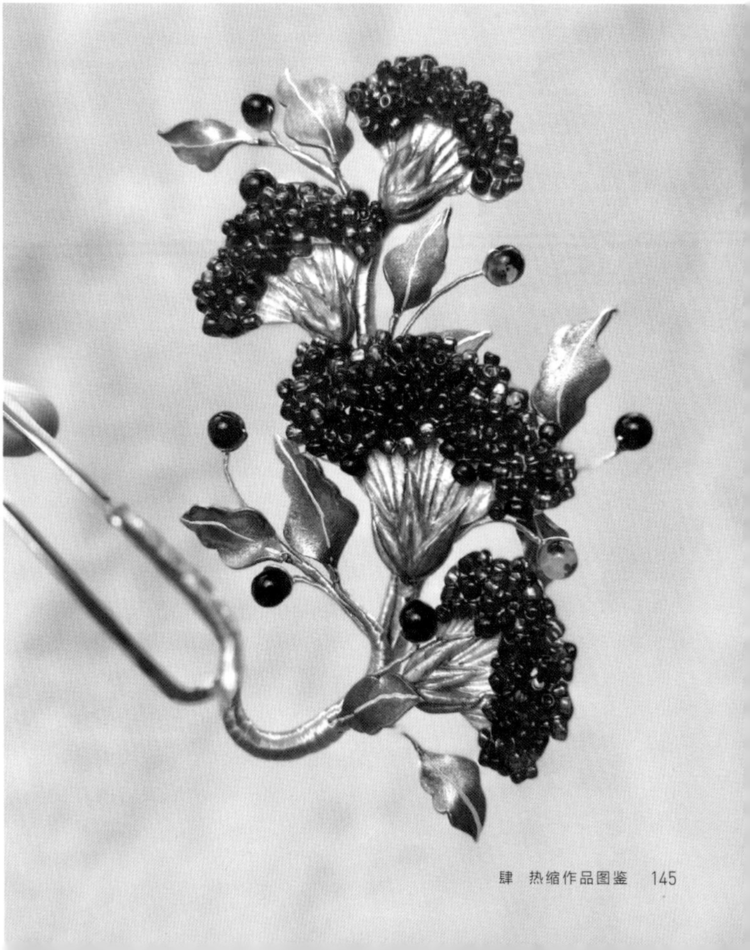

附录 热缩图纸

菊花

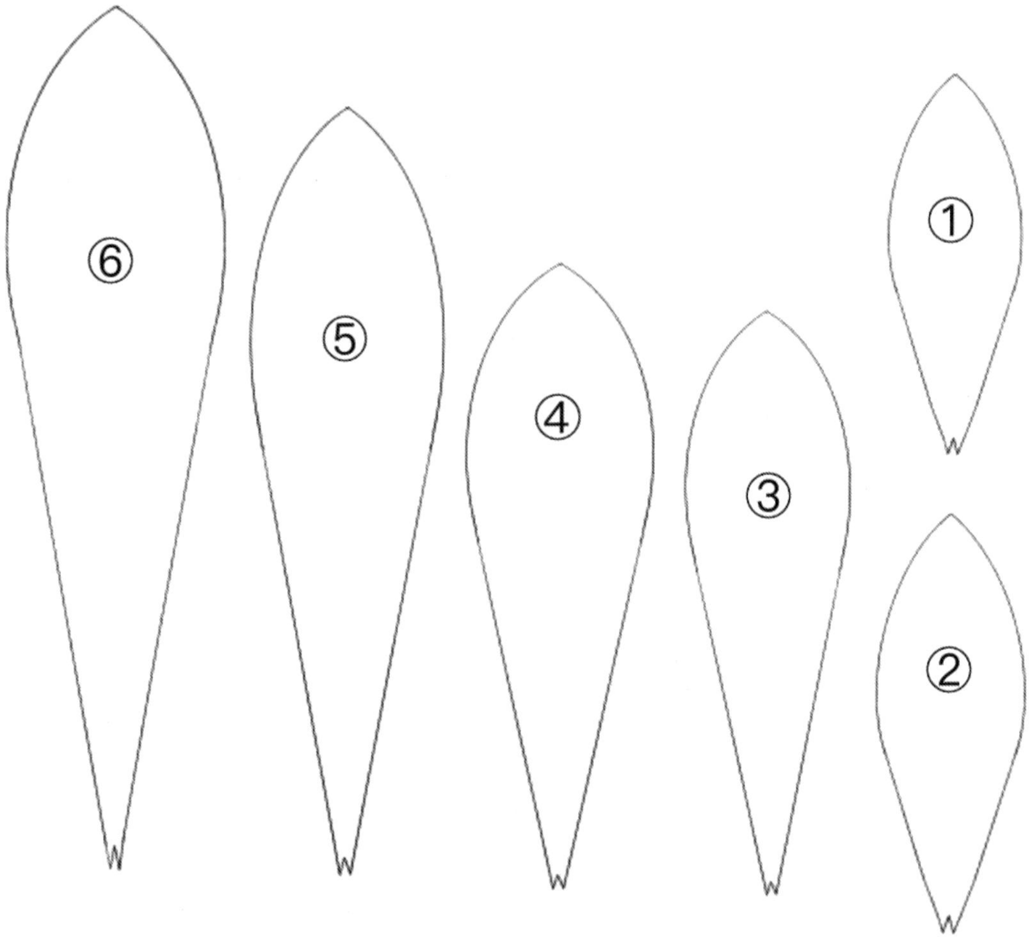

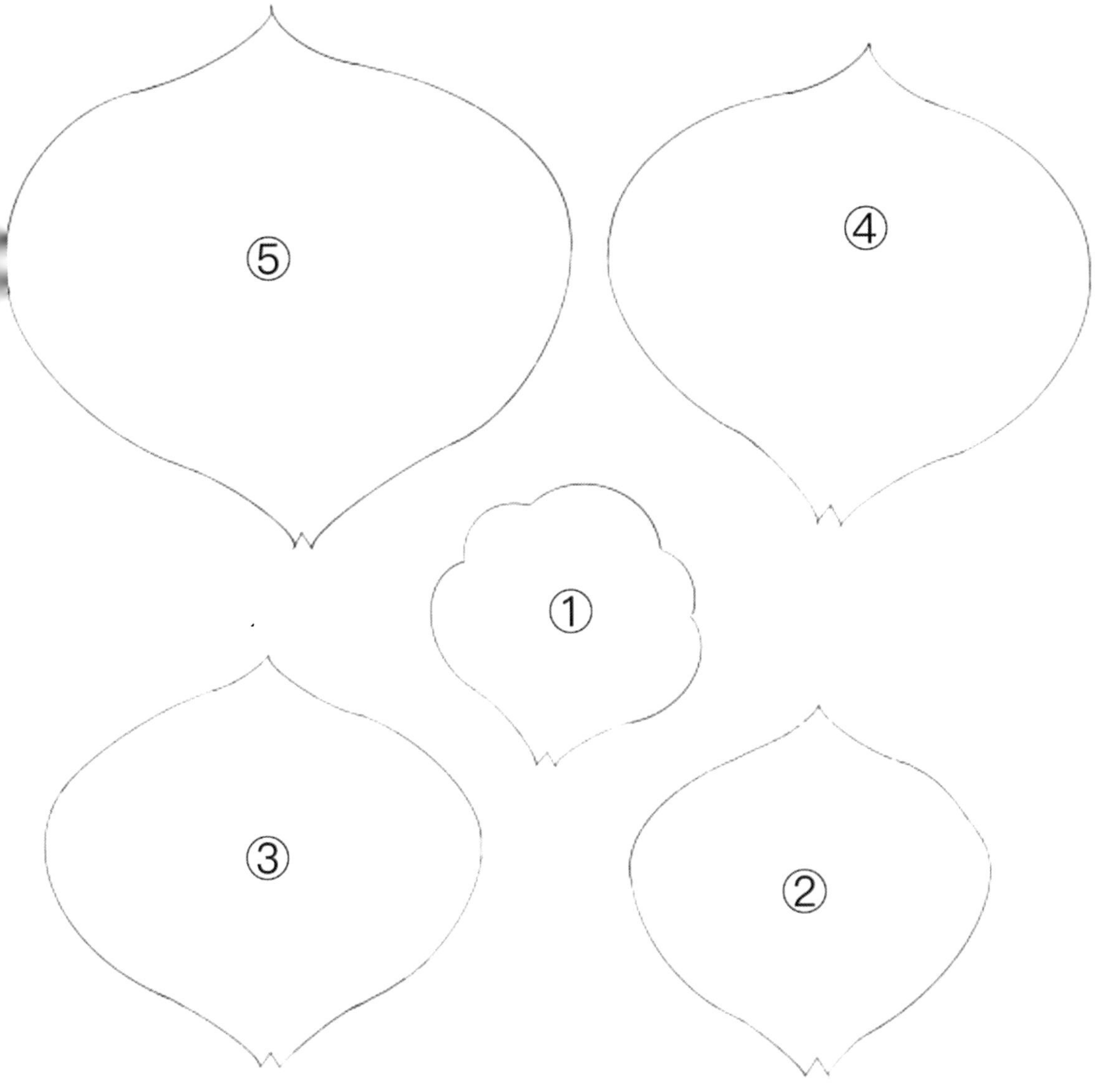
⑤
④
①
③
②

万能叶

①
②

①
②
③
④
⑤
⑥

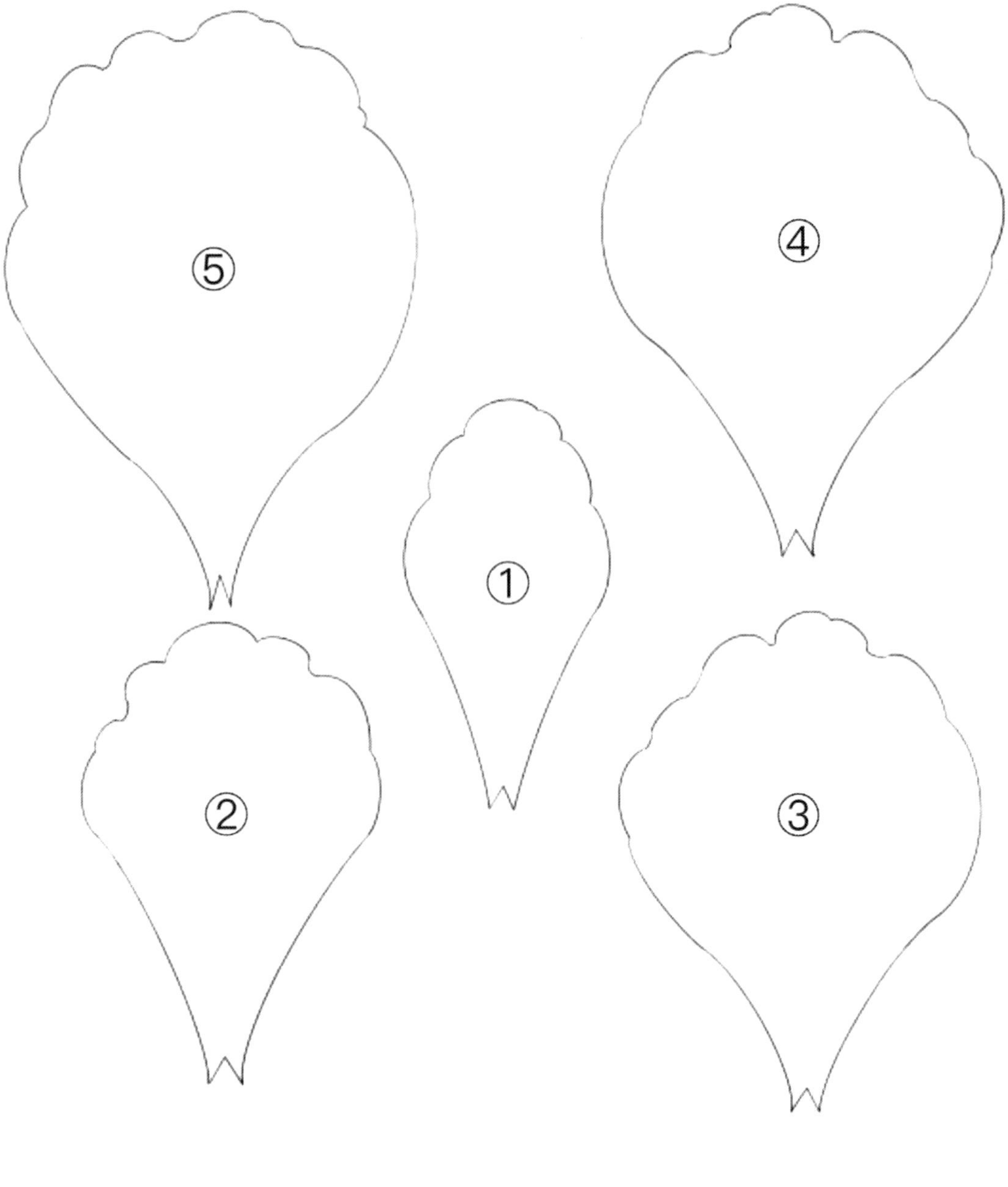
⑤
④
①
②
③